U0915660

为什么不讲道理的人总有理

谢焱 著

中国妇女出版社

图书在版编目（CIP）数据

为什么不讲道理的人总有理 / 谢焱著. -- 北京 ：
中国妇女出版社，2023.4
ISBN 978-7-5127-2244-6

Ⅰ.①为… Ⅱ.①谢… Ⅲ.①逻辑学－通俗读物
Ⅳ.①B81-49

中国国家版本馆CIP数据核字（2023）第000921号

选题策划：紫云文心·王彦
责任编辑：应　莹　王琇瑾
封面设计：琥珀视觉
责任印制：李志国

出版发行：中国妇女出版社
地　　址：北京市东城区史家胡同甲24号　　邮政编码：100010
电　　话：（010）65133160（发行部）　　65133161（邮购）
邮　　箱：zgfncbs@womenbooks.cn
法律顾问：北京市道可特律师事务所
经　　销：各地新华书店
印　　刷：保定市中画美凯印刷有限公司

开　　本：145mm×210mm　1/32
印　　张：8.25
字　　数：184千字
版　　次：2023年4月第1版　　2023年4月第1次印刷
定　　价：58.00元

如有印装错误，请与发行部联系

序

你明明是有道理的一方，却在对方的一套不讲理的说辞下无法反驳，你该如何是好呢？

如果对方仅仅是一个推销商品的陌生人，你大可扭头就走。然而，当对方是你的同事，甚至是你的上司时，你就只能盲目听从安排了吗？又或者当对方是你的朋友或家人时，你难道干脆和他们大吵一架吗？

如果你不希望自己的生活任人摆布，就必须弄清楚，这些不讲理的人的道理到底是从哪里来的。

本书对常见的逻辑谬误和认知偏差逐一做了深入浅出的剖析，科学而通俗地讲解了这些“不讲理”的道理背后的深层次原因，分析了它们对社会和个人的危害性，从而帮助你在不得罪对方的前提下，自如地表达自己的观点，自由地活出自己的人生。

本书的内容安排是由浅及深的，从辨识“逻辑的谬误”，到破除“知识的迷信”和破解“哲学的迷思”，越往后的章节越可能会让你产生“烧脑”的感觉。然而，这恐怕是不被“洗脑”所必须付出的代价。

目 录 / CONTENTS

第一章
为什么不符合逻辑的话，却能讲得振振有词

第二章
为什么不讲道理的逻辑，你却无从反驳

第五章
为什么尊重知识，反而会被知识所愚弄

第六章
为什么我们这么容易被“洗脑”

第七章
不讲道理的人的道理是从哪里来的

第一章

为什么不符合逻辑的话，却能讲得振振有词

01 “小故事”中的“大道理”

生活中常常会遇到一些人，他们说的话其实并不符合逻辑，却能通过讲故事的方式，让你感觉他们说的话很有说服力，甚至很有“道理”。

明代的马中锡，写过一篇志怪小说《中山狼传》，描写了一头擅长“讲故事”的中山狼。它在被猎人追杀的途中遇到了墨家学者东郭先生，于是央求东郭先生将自己藏进驴车上的布袋里，它花言巧语道：“您一定有志于解救天下苍生吧？从前东晋大将毛宝放生了一只白色的小龟，后来在兵败时长大的白龟帮助他渡江活命；西周的隋侯为一条身受刀伤的巨蟒敷药，得到巨蟒托梦所献的稀世珍宝。如果你能让我在袋子里躲避一时，将来我给先生的报答必定会远远超过毛宝和隋侯所获！”

东郭先生本着墨家“兼爱为本”的思想将中山狼藏在布袋里，躲过了猎人的追杀。但没想到的是，大难不死的中山狼提出了更过分的要求：“你这样不算真正帮助了我啊！我不幸受了箭伤，行动迟缓，迟早会因为捕捉不到猎物而饿死。先生既然是崇尚兼爱的墨家学士，为什么不‘好人做到底’，舍弃自己的一副身躯让我吃，这样才能真正保全我的小命啊！”

东郭先生顿时大惊失色，愤怒地谴责中山狼忘恩负义。可是没料到，中山狼又振振有词地说出了一番“道理”，让东郭先生无言以对。中山狼指着东郭先生的驴说：“这头驴从前在你家推磨碾米，现在又帮助你拉行李赶路，可等它老了，你也会杀掉它吃肉。你能够对驴忘恩负义，为什么我不能对你忘恩负义呢？”

你是否像东郭先生那样觉得，中山狼的这套说辞虽然不符合逻辑，却非常难以反驳呢？甚至你会觉得，中山狼的恩将仇报似乎是理所当然的，而且在真实的社会里，这样的案例也是存在的、合理的。

在逻辑学中，这种论证自己观点的方式是典型的“轶事证据谬误”，也就是说，其证据是来自奇闻轶事之类的事件，由于样本比较小，没有完善的科学实验证明，这种证据有可能是不可靠的。轶事证据具体包括：不是基于事实或仔细研究的信息，非科学观察法得到的报告，非严格科学分析方法得到的随机观测，来自口头相传而非系统证明的信息，等等。

但为什么这种通过奇闻轶事来讲“道理”的方式这么有蛊惑力呢？原因有以下三点。

第一个原因是，只有反常的故事才容易流传。正如俗话说的，“狗咬人不是新闻，人咬狗才是新闻”。有恩报恩是人之常情，这样的事情发生得再多，大家也不觉得惊奇，不会格外关注。反而是中山狼这样恩将仇报的形象，在日常生活中并不多见，所以人们特别容易记住。

《色 · 戒》的作者，著名女作家张爱玲曾经写过：“关于‘坏’，别的我不知道，只知道一切的小说都离不了坏人。好人爱听坏人的故事，坏人可不爱听好人的故事。”人性确实如此，反常的“坏”比正常的“好”更能吸引眼球，但这并不意味着，“坏”是合乎逻辑的，“坏”是正确的。

第二个原因是，我们从小都是听着童话长大的，习惯从故事中获得认知。当我们还是小孩子的时候，因为大脑还没有发育完全，逻辑思维能力不够强，道理是听不明白的。所以家长和老师往往通过一些有趣的寓言故事来教育我们，如《掩耳盗铃》《刻舟求剑》《揠苗助长》《亡羊补牢》等。慢慢地，我们形成了爱听故事的心理习惯。

因此，即使我们长大之后理性地发现“童话里都是骗人的”，但是从内心深处仍然更喜欢听人讲故事，不喜欢听人讲道理。大多数人读网络小说，或是看好莱坞大片，都是津津有味的。但如果读本哲学书，或是看一些严肃题材的科教片和纪录片，不少人就要打退堂鼓了。

自古至今，要说服别人，讲故事常常比讲道理更有效。哪怕这个故事完全不符合逻辑，不符合常情，只要足够吸引人，足够形象生动，就会变得非常有影响力。

第三个原因，也是最重要的一个原因，认知科学的研究成果表明，人类具备建立“共享回路”的能力，可以对他人的遭遇感同身受。所以，讲故事就相当于在给人“洗脑”。

20世纪90年代，意大利帕尔马大学的脑神经科学家里佐拉蒂，在研究大脑如何控制行动时，有了一个偶然的发现，这一发现在认知科学的发展上起到了里程碑式的作用。他将非常薄的电极插入猴子的大脑中，从而能够测量大脑内运动功能区域神经元的活动。猴子在抓握或操作物体时，这个区域内不同的神经元会产生相应的活动。例如，当猴子抓住一颗花生时，某些特定的神经元会活跃起来，我们姑且称之为“抓运动神经元”。

在实验中，当一只猴子抓起一颗花生试图递给另一只猴子时，奇迹出现了！不仅抓花生的猴子的“抓运动神经元”活跃起来，另一只没有抓花生的猴子的“抓运动神经元”也同时活跃起来。里佐拉蒂几乎不能相信自己的眼睛，但在反复试验之后，他终于得出结论：猴子的大脑中存在着“镜像神经元”，能够像镜子一样映射出其他猴子的动作。

那么，人类的大脑中是否也存在“镜像神经元”呢？显然把电极直接插入活人的大脑，是一件违背伦理的事情。所以，在当时无法通过实验来验证这一问题。直到近年来，随着基于量子力学的核磁共振成像技术的发展，人们发明了对大脑无损伤的探测大脑神经元信号的精密设备，谜底才逐渐揭开。

意料之外而又在情理之中的是，我们的大脑不但和猴脑一样拥有“镜像神经元”，而且可以与被观察者之间建立起“共享回路”。由于人类大脑出色的抽象能力，我们即使只通过语言刺激也能获得和实际观察同样的效果。例如，当我们看到另一个人的右手被灼伤时，我们自己右手所对应的神经元也会同步活跃起来。即便是通过电视屏幕看到，甚至只是听到这样的消息，我们的大脑也能建立起同样的“共享回路”。

正是由于“共享回路”的存在，使人类具备了超强的合作和相互学习的能力，我们才能在众多物种之中脱颖而出。同时，这些“共享回路”模糊了你我各自取得的经验之间的界限，使我们的个人体验能够共享，并汇聚到“知识”的公共海洋中，形成了被称为“文化”的东西。而随着语言、书籍、电视及互联网的逐一出现，这种共享变成了一种跨越时空的思想融合，在人类的发展中发挥着不可估量的作用。

虽然“共享回路”如此重要，但是我们也必须认识到，“共享回路”其实是一把“双刃剑”。它既能有效传播经验和知识，也能有效传播谬误和假象；它既能分享美好的情感，也能创造噩梦。在我们与电影、小说和新闻报道中的主人公“同呼吸，共命运”的过程中，我们就被悄悄地灌输了别人的价值观。

所以，当你和故事中的东郭先生建立“共享回路”之后，你就像真切地感受到了“被恩将仇报”的遭遇。事实上，任何人听了这个故事，都很可能会产生同样“恐惧”的感觉。于是，有了这样的“共享回路”为基础，“轶事证据谬误”的威力就被大幅放大，“洗脑”也在不知不觉中发生了。

事实上，我们每个人每天都在不断地建立大量虚构的“共享回路”，互联网带来的信息大爆炸导致我们始终浸泡在海量的奇闻轶事之中。媒体、影视、游戏及商家的广告在诉说着一个又一个夺人眼球的反常故事，而我们不断地被这些“不讲道理”的故事“洗脑”，把我们变成“不知如何反驳”的人，从而潜移默化地腐蚀着社会的道德根基。

2006年发生过一起引起极大争议的民事诉讼案。老人徐寿兰在南京市水西门广场的公交站台被撞倒后骨折，刚下车的小伙子彭宇将其扶起送往医院。后来，徐寿兰指认彭宇就是撞人者，彭宇开始予以否认，但最后承认曾经撞倒过老人。这则新闻被一些不良媒体冠以“扶老人反被讹”之类的标题发布出来，以奇闻轶事的形式在互联网上广为传播。不少网友就自行脑补出了与彭宇的“共享回路”，表示“扶老人”是一项“技术活儿”，以后再也不敢轻易帮老人了。

然而，谁不会变老呢？谁能保证变老了不会跌倒呢？今天我们不扶老人，当我们老了，又有谁来扶我们呢？要知道，在“共享回路”的作用下，我们的孩子是模仿我们长大的，他们同样能够看到互联网上发生的一幕幕“狗咬人”的故事。事实证明，“轶事证据谬误”的危害之大，远超我们大家的想象，更糟糕的是，大多数人甚至都没有意识到，这是一种危害。

所幸的是，各国政府和社会机构充分意识到了“故事”的威力。例如，美国电影协会组织了由家长组成的评级委员会，根据电影的主题，判断哪些电影适合特定年龄阶段的儿童观看，从而有效地避免了电影中的奇闻轶事效应对孩子们产生不利影响。

近年来，我国政府也在这一领域做了大量工作，大力打击违背社会公德的信息传播，且取得了不俗的成绩。然而，消灭“轶事证据谬误”必须依靠大众的共同参与，依赖于我们每个人坚决抵制这些反常的故事，不去阅读，不去相信，更不要去传播。否则，得志便猖狂的中山狼必然会越来越多。

接下来，让我们讨论两个日常生活中可能会遇到的案例。

案例1：你想劝朋友戒烟，他却告诉你：世界长寿之乡巴马瑶族自治县有一个每天抽烟的老人，他出生在1914年，如今不仅头脑灵活，而且腿脚也十分灵便。你应该如何继续劝他戒烟呢？

你朋友的话很显然也是一个“轶事证据谬误”，在他的头脑中已经建立了与这位爱抽烟的百岁老人的“共享回路”。如果你和他展开一番针尖对麦芒的逻辑辩论，恐怕事倍功半。比较好的办法是，用一个正确的“共享回路”，替换掉这个错误的“共享回路”，多和他讲讲那些因为吸烟而早逝的名人的故事。

案例2：你获得了一个免费试用某种减肥药的机会，一周之后你感觉身轻如燕，这是否能证明这种减肥药确实有效？

用个人经历作为论据是一种特殊的“轶事证据谬误”，你个人的经历仅仅是个案，而不是普遍性的事实。它对你的论点的支撑程度，其实和那位爱抽烟的百岁老人的个案对“吸烟无害健康”论点的支撑程度大致相同，都是极其有限的。与轶事证据相对应的是科学证据，只有在大样本的基础上，经过科学实验证明的客观事实，才能有效支撑你的观点。

02 “大师”们最爱说“心诚则灵”

你在某家公司工作一段时间后，你的爱人建议你提出升职申请，而你觉得自身的能力还不够，想过段时间再说。可你的爱人振振有词地对你说：“不想当元帅的士兵不是好士兵，不想升职的员工不是好员工！”你是不是一下子感到无言以对了呢？

然而事实上，“不想当元帅的士兵不是好士兵”的观点，在逻辑上并不是正确的，是典型的“诉诸纯洁谬误”。

这个逻辑谬误又被称为“真正的苏格兰人谬误”，是由英国哲学家安东尼·弗卢教授提出来的。据说有一次他和来自苏格兰的朋友在酒馆里聊天，朋友对他说：“苏格兰人都喜欢喝苏格兰威士忌。”安东尼可是个哲学教授啊，所以比较顶真，就回答朋友说：“我认识一个苏格兰人，他就不喜欢喝苏格兰威士忌。”他的朋友马上就怒不可遏地说：“这家伙一定不是真正的苏格兰人！”

平心而论，有着500多年历史的苏格兰威士忌口感甘洌醇厚、圆润绵柔，清澈透明而气味带着独特的焦香，确实是世界上最好的威士忌酒之一。然而安东尼的这位苏格兰朋友的逻辑，却明显没有苏格兰的威士忌那么完美无瑕。

于是，安东尼总结了这个苏格兰人的逻辑谬误，并把它写在了自己的著作中，将这种逻辑谬误定义为“诉诸纯洁谬误”，其逻辑谬误的表现形式为：

甲：所有的A类人都会有（好的）B行为。或者说，没有（好的）B行为的某某，必定不是A类人。

乙：客观事实证明，某个A类人没有（好的）B行为。

甲：这个A不是‘真正的（或好的）A类人’，所有‘真正的（或好的）A类人’都会有（好的）B行为。

很显然，甲在辩论时偷换了自己的命题，原来甲说的是所有的A，现在说的却变成了真正的（或好的）A。相当于原来在说“所有的士兵都想当元帅”，但当发现有实际证据表明“某个士兵不想当元帅”时，就改口说“好的士兵都想当元帅”。原来在说“所有的员工都想升职”，但当发现你这个员工确实不想升职之后，又改口说“好员工都想升职”。

甲前后两句话的观点不是一致的，这个逻辑错误听上去是不是很明显？但你会不会有个疑问，这么明显的逻辑错误，为什么对方仍然能说得振振有词，让你感到很难应对呢？

请允许我卖个关子，先让我们来聊聊前文中的安东尼·弗卢教授的故事。

他可不是一个普通人，而是当代世界上最有影响力的无神论哲学家之一。他于1966年写的《上帝和哲学》和1976年写的《无神论的推定》都是公认的无神论哲学经典之作。同时，他还是著名的《新哲学词典》的编纂者。

然而，2004年时，对他的粉丝而言无异于晴天霹雳的事件发生了，80多岁的安东尼·弗卢在多个场合公开宣布放弃无神论，投向有神论，开始相信上帝是存在的。可以想象，此事在当时的西方社会引发了巨大轰动和争议，昔日袍泽好友无不愕然，继而对他大肆嘲讽，痛斥其为叛徒、傻瓜和老糊涂等。

三年之后，安东尼·弗卢对自己思想转变的过程进行了梳理，并写了一本书，取名为《上帝的存在——彪悍的无神论者为何改变他的无神论思想》。其主要观点是，我们的世界太有“设计感”了，宇宙的精妙结构和地球适宜的环境就好像事先知道人类会出现一样，所以不可能是自发产生的，因此，必定有一位神创造了一切。

那么，你觉得安东尼·弗卢的这番观点正确吗？如果不正确，又犯了什么逻辑错误呢？

答案有点不可思议，这仍然是个“诉诸纯洁谬误”。安东尼·弗卢犯了自己亲自总结出来的逻辑谬误。谁说有“设计感”的东西，一定就是“设计”出来的呢？谁说“神奇”的东西就一定是“神”创造出来的？大自然的鬼斧神工远超我们的想象。例如，每一片雪花都是一幅极其精美的图案，但从来没有任何艺术家设计过它们。

事实上，人们在心灵深处普遍存在一种“纯洁性”的倾向，认为具备“正向”属性的人和事物一定会发生“正向”的行为和变化，或者得到“正向”的结果。正是因为这种内在的“纯洁性”倾向，很多人才会把明明不合逻辑的观点说得振振有词。

具体地说，当遭到事实的反例驳斥时，犯了“诉诸纯洁谬误”的人并不会认为自己犯了逻辑错误，而是会认为对方误解了自己的意思，或者至多是自己的第一句话没有表达清楚。而自己提出的第二个观点：“这个A不是‘真正的（或好的）A类人’，所有‘真正的（或好的）A类人’都会有（好的）B行为”一定是正确的。

因为在他内心深处，确实相信“好士兵都应该想当元帅”和“好员工都应该想升职”。同样地，安东尼·弗卢的内心深处，也必然相信了“这么完美的宇宙应该是由完美的神设计的”。而安东尼的苏格兰朋友的内心深处，则必然相信“真正的苏格兰人应该喜欢喝苏格兰威士忌”。很多人内心深处，同样存在着这种“纯洁性”，所以才容易被这个似是而非的逻辑所说服。

然而，这套“正正得正的纯洁逻辑”，只不过是美好的想象罢了！现实是残酷的，人生是复杂的。好人一定会做好事吗？好人难道不可能好心办坏事吗？好人一定有好报吗？好人难道不可能好心没好报吗？反过来讲，做了好事一定是好人吗？有好报的一定是好人吗？答案恐怕是否定的吧！

那么，为什么很多人明明知道世界并不“纯洁”，却又如此热爱“纯洁”的逻辑呢？事实上，这和儿童时期接受的教育有着密切的关系。例如，安东尼·弗卢教授出生在一个有神论的家庭，少年时期也曾有信仰上帝的经历。而我们中国人几乎是听着父母讲“好人有好报”长大的，所以我们本能地会去赞同符合“纯洁性”的观念，无论其是否符合逻辑。

然而，这种过于善良的“纯洁性”往往容易遭人利用，使自己沦为任人收割的“韭菜”。

改革开放初期，曾出现过一个家喻户晓的人物，名叫陈安之，号称“中国第一成功学大师”。他说，自己从17岁开始打工，做过餐厅服务生，卖过净水器、汽车、护肤品、电话卡、市场折价券，搞过巧克力批发和邮购，到21岁时，银行存款仍然是0。但在自己学习了成功学之后，月入1万元以上，并在27岁就成为亿万富翁。

2019年11月2日，《人民日报》刊登了一篇题为《成功学骗局：那是一碗喝不起的毒鸡汤》的报道。原来，陈安之团队涉嫌诈骗，曾把多名学员骗到家破人亡。其中不少受害者被骗光钱财后，最终试图跳江结束自己的生命。

成为陈安之的“终极弟子”要花100多万元，他们学到了什么内容呢？用一句话来概括就是“不想当元帅的士兵不是好士兵”。事实上，这句话几乎是所有成功学和各类毒鸡汤的核心“神逻辑”。可惜的是，那些不能识别“诉诸纯洁谬误”的人，往往都很“迷”这套说辞，不但爱看这类文章和书籍，甚至愿意动辄花费数千元听课，在“想当元帅”的狂热中碰得头破血流，完全无视这样一个基本事实：“一支军队中只有一个元帅，却有成千上万的士兵。”

所幸的是，近年来国家对于这些打着成功学的“幌子”骗取钱财的培训机构，加大了打击力度；而对于那些灌输“毒鸡汤”的文章，各大媒体平台也纷纷开始说“不”。但是，只要这个“诉诸纯洁谬误”还藏在我们心里，“陈安之”们就容易死灰复燃，在我们身边阴魂不散。

2010年，年近90岁的安东尼·弗卢与世长辞。在我看来，纪念这位伟大哲学家的最好方式，就是让更多的人读懂“诉诸纯洁谬误”，从而避免世人犯下和他相同的错误。

生活中这样的案例其实也不少，让我们来尝试分析一二。

案例1：某位“大师”对你说：“心诚则灵！”你觉得他是在点拨你还是忽悠你？

看相算命、占卜风水以及气功治病的各种“大师”经常爱说“心诚则灵”，但其实这是一个预先埋雷的“诉诸纯洁谬误”。一旦你花了钱却没能如愿，他必然会说：“因为你不是真正心诚。”你不可能付给大师无穷多的金钱，所以你也不可能无穷大地“心诚”，结果就是，不讲道理的“大师”总有理。

案例2：某成功学培训班的口号是“成功的秘诀就在于‘做最好的自己’”。他们宣称每个毕业学员都能获得成功，你是否应该尝试一下？

很显然，这也是一个诉诸纯洁的“神逻辑”，而且更为高明，在一句话里就包含了整个逻辑谬误的内容。当你缴纳了学费，却没有获得成功之后，你自己都会觉得，这是因为你没有“做最好的自己”，在这次培训过程中自身的行为出现了瑕疵。然而，他们会借此继续忽悠你参加下一期培训，一直到你“成为最好的自己”。只要你不从对成功的幻想中走出来，你就会在“成为最好的自己”的道路上，不断地耗费时间和金钱。

03 人类应该向大自然学习？

人造钻石和天然钻石在外表上区别不大，但同样品质等级的人造钻石却比天然钻石便宜许多，有的价格甚至只有天然钻石的五分之一。这是不是说明“天然的”东西一定比“人工的”东西好呢？

这样的观念是逻辑上典型的“诉诸自然谬误”。认为一个事物是“自然”的，所以它是合理的、必然的并且更好的。事实上，从品质上来说，人造钻石反而更好一些。这主要由于人造钻石的加工过程是人为可以控制的，一般产出的钻石品质都比较好。而天然钻石由于没有外力作用，直接天然形成，这样一来，品质等级就会难以把握。天然钻石更为昂贵，仅仅是因为它们是自然产物，在人们眼中更稀有、更珍贵。从某种角度而言，五倍的价格只不过是犯了“诉诸自然谬误”的人缴纳的“智商税”。

然而，我们又不得不说“诉诸自然谬误”是一个很有说服力的谬误，甚至可以说是一种“美丽”的错误。人类从诞生以来就喜欢感悟大自然，在大自然的变化规律中寻求真理。《庄子 · 知北游》中写道：“天地有大美而不言，四时有明法而不议，万物有成理而不说。”天地、四时、万物中蕴含的哲理和诗意，诚然是我们竭尽一生都无法尽然领悟的。

尽管“道法自然”的说法源远流长，但人类并不是事事都要效法大自然。我们随意列举出任何一个大自然中的反例就可以证明这一点。大自然的一块石头不眠不休、不吃不喝，存在了数千年都没有丝毫变化。我们是否可以得出结论，如果我们也像石头一样不眠不休、不吃不喝，就能颐养天年、长命百岁呢？这显然是荒谬的。

当然你可能会说，石头不能代表大自然。像狮子与老虎这样活生生的动物，必然遵守达尔文物竞天择的进化论，因此我们人类也不能违背大自然优胜劣汰的规律。那么，我们不妨来较真地探讨一下人类是否也需要“进化”的问题。

毋庸置疑，达尔文的进化论确实对人类有着杰出的贡献，恩格斯曾将其列为19世纪自然科学的三大发现之一（其他两个是细胞学说、能量守恒及转化定律）。但请大家注意，恩格斯所说的是，进化论是一门自然科学，而非社会科学。换言之，进化论并不是讨论与人类社会相关的事情的。

然而，西方的一些学者生搬硬套地用达尔文的生存竞争与自然选择的观点，解释社会的发展规律和人类之间的关系，认为优胜劣汰的现象同样存在于人类社会。因此，只有强者才能生存，弱者只能遭受灭亡的命运。其代表人物赫伯特·斯宾塞认为，人类的生存竞争构成了社会进化的基本动因。这种“社会达尔文主义”，可以说是当今社会影响力最大，也是危害最大的一种“诉诸自然谬误”。

事实上，社会达尔文主义者曲解了进化论原本的观点。

第一，进化论的原意并非自然“进化”，而是自然“演化”。最早传入中国的进化论著作是英国著名博物学家托马斯·亨利·赫胥黎的《天演论》，有“中国翻译第一人”之称的严复先生，将Evolution一词译为“演化”，这才是最准确的译文。而“进化”一词源自日本，由于曾旅居东京的鲁迅先生在其著作中频繁使用这一表达，才让“进化”的说法成了当今中国人习以为常的语言。“演化”只有随着时间推移发生变化的意思，仅仅客观说明了物种前后出现的顺序，并没有强调等级的高低。而“进化”的表达方式，则是明确了越后出现的物种越高级，生物的变化是一个单向发展的过程，而且有一层隐含的意思：这种变化是由生物内在的主观意愿所推动的。鲁迅喜欢用这个词恰恰是因为它包含的“革新性”和“主动性”，在那个年代，“进化”的表达有利于号召青年主动推翻腐朽的旧社会。然而，放在当代来考察，“进化”的说法在逻辑上就不够严密了。同样地，包括人类在内的所有物种，都不是主动出现在这个地球上的，而是自然演化的结果。所以，“天演”才是达尔文的原意。

第二，进化论原本讲的并非“强”者生存，而是“适”者生存。达尔文并没有说，生物是在经过一番你死我活的争斗之后，才决定了谁能活下来。也没有说，活下来的物种，就比灭绝的物种更

"强"。他表达的观点是，最能适应环境变化的物种，遗传基因获得了更多的保存机会。选择的标准，并非"强大"，而是"适应"。选择的过程，并非"战斗"，而是"淘汰"。所以，物种之间的竞争并非尔虞我诈、弱肉强食，而是百花齐放、各自芬芳。谁能够适应外部环境，尤其是适应环境的变化，谁就能获得更大的生存权。一定要说"强"，那应该是"自强"；一定要说"战斗"，也是在"和环境战斗"。

说句俏皮话，大闸蟹和小龙虾这两个"新"物种，肯定不如已经灭绝的恐龙和剑齿虎更为强大，也未必更高级。

事实上，当代的科学研究表明，从真正的进化论的观点而言，人类是先学会了友善，然后才成为人类的。正是因为"社交脑"上的基因突变，一群"猴子"变得更乐于，也更擅于彼此合作，从而战胜了其他种群，进化成了现在的我们。畅销书《猴子有猴子的生活》的作者万内萨·伍兹与科学家共同撰写过一篇学术论文，讨论为什么我们的"猿人"祖先能从树上下来，而其他动物不跟着学。文中记载了一个有趣的实验，让两种不同的"猴子"进行了一场"物竞天择"的较量。世界上与人类最接近的物种是黑猩猩属的两种动物。它们在基因序列上与人类仅有1.3%的差异，并且具备与猿人十分相似的特征：能够直立行走；大脑发达，智力出众；有着丰富的情感；可以熟练地运用工具；属于母系群居的社会结构；没有固定的发情季节，随时随地都可以发生性交行为（这对种族的繁衍十分重要）。它们如今却沦为非洲蛮荒之地的一种濒危动物，绝大多数时间都只敢停留在树上，并没有像早期的猿人那样，从树上下来，进化成地球的主人。那么，是什么让黑猩猩成为黑猩猩，又是什么让人成为人呢？

科学家们做了一组有趣的对比实验，寻求这个问题的答案。在实验中，PK的双方是一群黑猩猩，以及一群智力远低于它们的人类——不满2周岁的儿童。比赛的内容是，在工作人员的提示下，双方从两个倒扣的杯子中，找出藏有食物的那个杯子。

首先上场的是黑猩猩队伍。工作人员尝试了很多种暗示的方式，比如用手指向藏着食物的杯子，直接用手轻轻敲击杯子，在杯子上放色彩鲜艳的积木，甚至围着这个杯子如同猩猩一般手舞足蹈，但取得的效果是零。无论实验人员如何反复地尝试，黑猩猩找到藏有食物的杯子的概率，仍然只是一半对一半错。接着，幼儿队伍上场了。我想你一定猜到了，工作人员甚至都不用手指，只要用眼睛看着那个藏着食物的杯子，孩子们就能顺着视线发现它，成功率是100%。最终的战果是，“笨小孩”完胜聪明的成年猩猩。

这个实验得出了一个重要的结论：人类先天具备一种“交际性”肢体语言的能力，并且能够站在其他人的角度去观察事物。这种能力，也许正是我们在进化的道路上和其他不具备这一能力的类人猿渐行渐远的根本原因。

事实上，只有人类才具备天生友善的社交基因。科学家们已经发现，在人类明显比猿猴更为凸起的前额内，隐藏着我们最重要的基因突变的成果——被形象地称为“社交脑”的前额叶皮质。与大家从前想象的不一样，并非最强壮或者最聪明的类人猿，而是最擅于社交的类人猿，获得了更强的适应力，取得了物竞天择战争的最终胜利，成为现在的人类。

我们这种“猴子”赢了，只是因为我们更擅长体会彼此的感受。人类变得更聪明，只是因为我们首先变得更友善。如果我们反过来向狮子去学习“优胜劣汰”的强者生存之道，那么事实上，这并非“进化”，反而是“退化”了。人明显有自己独特的优势，并非每样事情都需要向自然界学习。

所以说，这种“诉诸自然谬误”的本质是一种“向后看”的逻辑，而“社会达尔文主义”所提倡的所谓自然“进化”理论，并非人类物种的进步，恰恰是一种退步。事实上，奉行这种自然“进化”理论的人，必然感到世间处处皆荆棘，人生时时生干戈。

进一步而言，我们更应该相信的是“人定胜天”。

中国著名药学家屠呦呦，从1969年开始系统收集整理历代医籍、本草、民间方药。她在收集的2000余方药的基础上，编写了以640种药物为主的《抗疟单验方集》，对其中的200多种中药开展实验研究，历经380多次失败，利用现代医学和方法进行分析研究，不断改进提取方法，终于在1971年成功发掘了大自然馈赠给我们的抗疟药——青蒿。

但自然的并不就是最好的，屠呦呦没有简单满足于用天然状态的中药青蒿来防治疟疾，而是致力于进一步的科学研究，试图发现青蒿抗疟的根本原因。1972年，屠呦呦和她的同事在青蒿中提取到了分子式为$C_{15}H_{22}O_5$的无色结晶体，这是一种熔点为156℃~157℃的活性成分，他们将这种无色的结晶体物质命名为青蒿素。这种从天然植物中提取的新结构类型抗疟药具有“高效、速效、低毒”的优点，对各型疟疾都有特效。1973年，屠呦呦又进一步人工合成了双氢青蒿素，并证实了其羟（基）氢氧基族的化学结构。客观事实证明，人工合成的双氢青蒿素比天然青蒿素的效果强得多。2015年，屠呦呦凭借在抗疟领域的这一出色科研成果获得了诺贝尔生理学或医学奖。

诚然，人类孕育于大自然，人类的发明创造也离不开大自然。可以说，大自然既是我们的父母，又是我们的老师。所以，我们应该敬畏大自然。正所谓“长江后浪推前浪”，如果天地有大美而又能言，它一定会鼓励我们“青出于蓝而胜于蓝”。毕竟，有哪位家长不希望自己的孩子有出息，又有哪位老师不希望自己的学生成才呢？战胜“诉诸自然谬误”的最好方式就是坚定地相信“人定胜天”的道理。

案例1：不少人热衷于以野生动植物为食，认为“野味比人工培养的动植物营养价值更高、口味更鲜美”，认为“野味都是好东西”，这种想法对吗？

很显然，这是一个典型的“诉诸自然谬误”。按照这种逻辑，我们岂不是要茹毛饮血，将野生动物生吞活剥才是最佳的饮食方式？

野生动植物由于生长周期缓慢，没有化肥农药残留物，确实有一定的食用价值。但它们同时有更大的概率携带和传播病菌，其营养价值也远没有不法商贩宣传的那么高，为了吃野味而付出高价也是一种缴纳“智商税”的行为。

案例2：你的朋友口无遮拦，你劝诫他注意言辞适当，以免四处树敌。他却说自己天生就是这种性格，希望保持自然的状态。你应该如何继续劝诫他呢？

一个人以“天生如此”为借口拒绝改变，也是一种“诉诸自然谬误”。

如果你直接反驳你的朋友，他可能会觉得下不了台，反而更执拗于“这样就很好”。你不妨用先扬后抑的方法试一试，对他说：“俗话说‘江山易改，本性难移’，我能够理解你抱有顺其自然的想法。但是，本性难移不是说本性不移。通过后天的努力改善先天的本性，确实是很难的事情，但也是很有意义的事情。”

04　少年不识愁滋味？

有不少人喜欢在辩论时，通过“人身攻击”的方式来证明对方的观点是错误的。具体而言，就是通过贬低对方的性别、人格、动机、态度、地位、阶级或处境等个人状况，或是指出对方曾犯下的错事，进行攻击或评论，并以此当作提出的论据去驳斥对方的论证，支持自己的论点，这种逻辑错误被称为“诉诸人身谬误”。通俗地说，就是“讲不过就骂人”。其逻辑谬误的表现形式为：

甲：提出观点A。

乙：甲具备某种不好的属性B（或是做过不好的事C）。

乙：观点A是错的。

可以想到，这大概是所有的逻辑谬误中最招人讨厌的一种。在日常生活的谈话中，一旦有一方开始诉诸人身，辩论就会立刻充满火药味，观点之争就会演变成个人恩怨。要么对方会反唇相讥，彼此大肆贬低，然后陷入无休无止的争吵；要么对方干脆愤然离去。

毫不夸张地说，半数以上的夫妻劳燕分飞都要归咎于“诉诸人身谬误”作祟。朋友之间因此反目成仇的、兄弟之间因此阋墙的，恐怕也不在少数。俗话说，“打人不打脸”。人都是爱面子的，这种直接“扫面子”的逻辑，已经不是简单地犯逻辑错误了。

然而，尽管人人都痛恨、看不起这种“说不过就骂人”的辩论方法，但几乎人人都会犯这样的逻辑错误，往往还说得振振有词。在日常生活中，“诉诸人身谬误”有三种常见的表现形式。

第一种形式是通过“揭人之短”，来证明对方观点的错误。但事实上，一个人做过错事、坏事，不代表他的观点就是不正确的。如果一个人犯过错误，他的观点就是不正确的，那么世界上还有什么正确的观点呢？因为人皆会犯错。我们扪心自问，难道我们自己就从来没有做过任何错事吗？

历史上有“华夏第一相”之称的管仲，是个私德有欠缺的人。他和别人合伙做生意时多吃多占，带兵打仗时多次逃跑。齐桓公却并没有因此不相信他提出的建议，反而拜他为相，使齐国成为诸侯之长。管仲在其著作《管子》中提出的“仓廪实而知礼节，衣食足而知荣辱”这一观点，更是流传千古的名言。世人并没有因为他所犯的过错，就否定他的所有观点。

处世第一奇书《菜根谭》中写道：“不责人小过，不发人阴私，不念人旧恶，三者可以养德，亦可以远害。”对方即使做过一些不好的事情，我们做人也应该厚道，不能拿来作为辩论时的论据。这种论据不但不会使你的观点更有说服力，反而会损害自己的形象。而且如果对方真的像你说得如此不堪，你的这套逻辑岂不是给自己树立了一个危险的敌人？

第二种形式是通过“自相矛盾”，来证明对方观点的错误。有人可能会觉得奇怪，“自相矛盾”不是逻辑错误吗？怎么用“自相矛盾”论证对方观点错误又成了“诉诸人身谬误”了呢？让我们来具体分析一下。

“自相矛盾”这个成语故事出自《韩非子》。楚国有个卖矛又卖盾的人，他首先夸耀自己的盾，说：“我卖的盾很坚固，无论什么矛都无法穿破它！”接着，他又夸耀自己的矛，说：“我卖的矛很锐利，无论什么盾都能穿破！”于是，有人问他：“如果用你的矛去刺你的盾，会怎么样呢？”楚人被问得哑口无言。显然，“什么矛都无法穿破的盾”与“什么盾都能穿破的矛”，不能同时出现在一起。

然而，这两个命题不能同时为真，并不意味着这两个命题同时都是假的。这个“自相矛盾”的楚人的两句话中，完全有可能存在着一句真话。如果我们认为一个人现在讲的话，和他从前讲过的话有矛盾，就武断地认为他现在讲的话是错的，那就犯了“自相矛盾”形式的“诉诸人身谬误”。

我们再举一个更极端的例子，英国著名哲学家安东尼·弗卢教授，在81岁前是无神论者，81岁后却提出了“有神论”的观点。尽管对我们这些唯物主义者来说，“有神论”的观点是错误的，但在逻辑上，我们不能依据安东尼·弗卢曾发表过两个“自相矛盾”的观点，就以“人身攻击”的方式否定他的一切观点。理由非常充分，他的两个观点“无神论”和“有神论”，必然有一个是对的，要么没有神存在，要么有神存在。在这个案例中，自相矛盾的安东尼 · 弗卢的两个观念，必定有一个是真的。

所以，一个有烟瘾的人可以向你提出“不要吸烟”的正确建议，一个酗酒的人可以向你提出“不要过量饮酒”的正确建议，一个罪犯可以向你提出“不要犯法”的正确建议。甚至从某种角度而言，由于亲身经历过，这些“自相矛盾”的人的建议，更有说服力。

第三种形式的“诉诸人身谬误”是因人废言，通过贬低对方，证明对方的身份不如自己，从而得出对方的一切观点均不足取信的结论。例如，有人向你推销保健产品，你可以要求他举证其产品为什么能够起到保健作用，并且对他的举证提出疑问。但如果你武断地说“卖保健品的都是骗子”，并以此得出结论“他卖的产品没有保健效果”，这就犯了“因人废言”式的“诉诸人身谬误”。同样地，如果年长者以“少年不识愁滋味”为理由，指责年轻人“为赋新词强说愁”，其实也犯了因人废言的逻辑谬误。

在人类社会中，“等级”的客观差异是普遍存在的，所以这种“因人废言”式的“诉诸人身谬误”最为常见。很多人甚至觉得这不能算谬误。可仔细想想，如果你是一名大学生，你会不会觉得文盲的观点不值得听呢？如果你是家长，你会不会觉得小孩子的观点不值得听呢？如果你是领导，你会不会觉得基层员工的话不值得听呢？

一些人可能会觉得，“高等级”的人的观点正确的概率高于“低等级”的人的观点。例如，古时候，男人说“女人家头发长，见识短”是否就不能算谬误呢？旧社会女人的社会地位比较低，而且受到封建观念“女子无才便是德”的影响，她们中间读书识字的比例也很低，所以见识自然是比男人“短”的。

但我想告诉你，恰恰是这个原因，你反而应该对“低等级”的人的观点格外重视。

记得一本武侠小说里描写了这样一个情节。一位武林高手教育他的徒弟说：“江湖上遇到以下三类人的挑衅要格外小心——老人、妇女和小孩子。”他的徒弟很不理解，觉得自己年轻力壮，怎么会怕这三类人。师父敲打徒弟说：“别人不知道你年轻力壮吗？如果对方明知如此，还敢前来挑衅，必定说明他们身怀绝技，有恃无恐！”

如果一个“低等级”的人，敢于在“高等级”的你面前发表观点，而你却嗤之以鼻，结果很可能就是“高等级”的你反被“打脸”。

中国自古就有“君子不以言举人，不以人废言”的说法。无论有多少正确的观点，不代表对方就有多“高级”；同样地，无论身份多么“低级”，不代表对方没有真知灼见。允许各抒己见，理性分析，客观求证，这才是正确的做法。

那么，如果你碰到了滥用“诉诸人身谬误”的辩论对手，该如何是好呢？针锋相对或是拂袖而去，都显得太没有风度了。面对这样的对手，畅销书《人生十二法则》的作者，绰号“龙虾教授”的乔丹·彼得森曾经展示过一次“教科书”级别的辩论技巧。

2018年，乔丹·彼得森接受英国电视台采访。女主持人利用主场之便，试图给他贴上“性别歧视者”的标签，不断质问乔丹·彼得森为何在YouTube上的粉丝80%都是男性、为什么书中的男性平均收入高于女性，中途还不时粗暴地打断乔丹·彼得森说话，并转移话题把自己臆想的观点扣在他身上。风度翩翩的乔丹·彼得森则从容不迫、见招拆招，始终坚持用客观证据论述自己的观点。

结果，这段视频“爆火”，播放量超过了600万次。观众普遍认为，替激进女权主义者发声的女主持人才是真正的“性别歧视者”，对其粗暴的行为十分愤慨，电视台甚至需要动用警力保护该女主持人的人身安全。颇有讽刺意味的是，本来试图用“诉诸人身谬误”这一武器来攻击别人的人，反而成了同一谬误的牺牲品。

尽管乔丹·彼得森借用龙虾来剖析人类社会的观点有待商榷，甚至他也许真的像女主持人说的那样存在性别歧视，但如果我们在日常生活中碰到使用“诉诸人身谬误”的方式来“贬低”我们的人，我们不妨学学这位“龙虾教授”的应对措施，始终保持理性，并坚持以客观事实为依据。

案例1：如果你在和同事们一起吃饭时，建议他们少喝点酒，有一位同事却“揭发”你说：“去年公司年会时你自己都喝醉过，还好意思来劝我们少喝点，哈哈！”你应该如何应对呢？

显然，这是一个“诉诸人身谬误”，重要的是切莫被其挑衅性的言语激怒，你应该平静地回答他："你说得很对，我以前确实喝醉过，而且那次很伤身体（讲客观事实），所以更不希望大家犯同样的错误。"

案例2："龙虾教授"乔丹·彼得森曾在俄罗斯一家未具名的诊所内接受了八天的"医疗人工昏迷"疗法，以治疗对氯硝西泮（精神药物）的身体依赖。而彼得森标榜的核心哲学是："坚忍克己、自力更生，强大的意志力能够战胜环境。"彼得森的药物依赖是否证明他的人生哲学是错的，人的意志力再强大也不能战胜环境？

这种通过事先"抹黑"某人，进而质疑其观点的论证方式，也是一种"诉诸人身谬误"，又被形象地称为"毒化井水谬误"，意为通过事先在井中投毒，使井水无人能喝。但事实上，彼得森自身的行为和他提出的观点之间并没有逻辑上的必然联系。无论彼得森自身的意志力是否强大，都不影响其观点"强大的意志力能够战胜环境"的正确与否。

05 鲨鱼喜欢吃比基尼女郎?

假设你是一位身材姣好的妙龄女郎，打算穿上比基尼去海边游泳，你的爱人却阻止你说：“美国的科学研究表明，穿比基尼的人容易被鲨鱼咬。”为了证明自己的观点，他还拿出了一份统计报告。你惊讶地发现，自比基尼泳装诞生之日起，历年来的“鲨鱼咬人事件”的变化曲线与“比基尼销量”的变化曲线完全一致。这是怎么回事呢？难道是因为穿比基尼的女孩暴露出了更多的皮肤，所以嗅觉发达的鲨鱼更容易发现她们？

事实上，这个问题的正确答案是：“夏天到了。”因为天气炎热，下海游泳的人多了起来，这才导致鲨鱼和比基尼这两个表面看起来风马牛不相及的事物产生了如此强的关联性。而把两者强行建立因果关系的逻辑错误就是所谓的“错误归因谬误”。

当两个现象经常同时发生时，我们会本能地认为，这两个现象是有因果关系的。简单地说，就是从“有A必有B”，得出“因为A，所以B”的结论。其逻辑谬误的表现形式为：

如果：A现象发生的同时（或之后不久），B现象发生。

而且：上述步骤多次出现。

那么：A现象是因，B现象是果。

事实上，有很多种可能性导致A现象和B现象的伴随发生：一是A现象和B现象都是C现象所导致的，而A现象和B现象之间没有因果关系；二是A现象是B现象发生的原因之一，但并不是唯一的原因；三是A现象和B现象的发生毫无关系，二者同时发生只是一种偶然巧合；四是A现象和B现象同为C现象的原因，但A现象和B现象之间是没有因果关系的；五是恰恰相反，B现象是因，A现象是果。

唐朝李贺的《致酒行》诗云："我有迷魂招不得，雄鸡一声天下白。"古人观察到，雄鸡常常在黎明前最黑暗的瞬间发出鸣叫，就迷信地认为，是鸡群的鸣叫导致了天亮。《西游记》中提到的昴日星官，本体就是一只六七尺高的大公鸡，是二十八星宿之一，住在九天之上的光明宫，而他的工作就是"司晨啼晓"。

"雄鸡一声天下白"的真相却让人啼笑皆非。深入的科学研究表明，一群公鸡什么时候开始鸣叫，和天亮不亮完全没有关系，而是取决于第一只公鸡什么时候醒。群鸡的鸣叫，既非天亮的原因，也非天亮的结果。公鸡在户外风餐露宿，受到惊扰的因素很多，醒得自然比人类要早，常常是在天将亮未亮时就被折腾醒了。于是，在没有闹钟的年代，公鸡就承担起了叫大家起床的任务。

著名作家高玉宝曾写过一个家喻户晓的恶霸地主"周扒皮"半夜鸡叫的故事。一般而言，长工的规矩是"日出而作"。但长工签的卖身契上却规定："听见鸡叫，就得起床干活。"长工们犯了"错误归因谬误"，本能地把"鸡叫"和"天亮"建立了因果关系，所以并未在意这个细节。没想到，"周扒皮"为了让长工们多干些活，半夜三更起来学鸡叫，鸡群也跟着他一起叫了起来，迫使长工们提早起床，为他披星戴月地劳作。

尽管我们现在觉得古人的迷信是一件很好笑的事情，但事实上，我们自己也经常会产生这种"错误归因谬误"，做出在别人看来很可笑的事情。

20世纪末，我国曾出现过一阵"钢琴热"。一些经济条件一般又没有音乐细胞的父母，砸锅卖铁也要买一台钢琴，让自己的孩子从小学习弹奏。他们的理由很充分："有出息"的年轻人，小时候都学过钢琴。所以他们得出结论，"从小学钢琴，长大有出息"。

事实上，他们又犯了"错误归因谬误"，把钢琴变成了"司晨啼晓"的大公鸡。迷信"学钢琴能让自己的孩子有出息"，和迷信"鸡叫导致了天亮"，是同样可笑的错误。

20世纪末的"有出息"的年轻人，在改革开放初期都是小孩子。如果在改革开放初期，他们就有条件学钢琴，至少说明两点：第一，他们的父母是有一定文化知识水平的，甚至接受过西方教育，有过海外留学经历，否则不会让他们的孩子自小学习一门如此高雅的西洋乐器；第二，他们的父母是有一定经济能力的，多半是企业家或高级管理人员。家里房子不够大的话，一台钢琴是很难放下的。钢琴的价格本就不菲，请钢琴老师和调音师的代价也很昂贵，甚至没有一定的人脉关系，在那个年代，有钱都找不到人。

试想一下，有这样家庭出身的小孩子，长大之后会不会更容易“出人头地”？换句话说，是良好的家庭条件同时导致了“长大有出息”和“从小学钢琴”这两个结果。而这两者之间，并没有任何因果关系。

说实话，犯了“错误归因谬误”的人，只是可笑或可怜；主动利用“错误归因谬误”去欺骗别人的人，则是可厌和可恨了。

某些经营保健品的企业，就非常擅长利用“错误归因谬误”来赚钱。

那些企业在对消费者进行宣传的过程中，往往给出不少真实的案例，用来说明使用了某产品的病患都痊愈了。但事实上，这些“起效果”的案例中，病患在使用产品的同时，也接受了正规的医疗服务，这才是“起效果”的真实原因。然而，不明就里的消费者，真的以为那些保健产品就是包治百病的万能灵药。

2012年，内蒙古自治区某4岁女童在北京被确诊为骶尾部恶性生殖细胞瘤，在医院治疗半年后病情有了改善。12月，为了给已经做过4次手术的女童寻找更好的治疗方案，其父亲和伯伯登上了央视《星光大道》的舞台，引发了社会广泛关注。在某保健品集团的主动邀请下，女童的父亲去了集团董事长办公室，听他介绍抗癌秘方，用以治疗女童的癌症。

于是，在与该集团董事长谈话一周后，女童结束了医院的正规治疗，开始服用该公司的产品。但是，在服用产品三个月后，女童的病情不但没有好转，反而更加严重，不得不回到医院继续化疗。此时，医生虽不断调整治疗方案，却已无力回天，女童不幸病逝。而2013年，女童的亲属在互联网上发现，该保健品集团大肆宣传："内蒙古4岁小女孩患癌症，在我集团自然医学中重获新生。"于是，女童的父亲将该集团告上了法庭。

2019年1月1日，天津市公安机关对该保健品集团涉嫌组织、领导传销活动罪和虚假广告罪立案侦查。2019年12月16日，天津市武清区人民法院公开开庭审理了该集团12名被告人组织、领导传销活动一案。对于指控，该集团董事长当庭认罪，或面临最高十五年的刑期。迟到的正义，终于得到了伸张。

该女童如果不停止正规治疗，她幼小的生命能否得到拯救，我们不得而知。但我们可以肯定地说，保健品营销者所谓"抗癌秘方"，只不过是一纸谎言。据公开资料显示，仅2015年，该集团的年收入就超过了100亿元，该集团靠着制造"错误归因谬误"，收取了无数消费者的"智商税"。

当今社会，依靠"错误归因谬误"割"韭菜"的商家就只有这一家吗？我想肯定不是的。

某著名的奶制品企业，宣传某个长寿村的居民都喝同一种牛奶，而且这种牛奶的品质非常高。我们先假定他们说的是事实，那么你能得出，喝这种牛奶是所谓的“长寿的秘密”吗？也许只是因为这个村庄地理气候条件适宜，才同时有利于居民和奶牛的健康，甚至根本就是其他原因，导致了这个村居民的长寿。

又比如，某著名女演员为自创品牌的面膜做宣传，声称自己的护肤秘籍里，“敷面膜”是最重要的步骤之一，自己平均一年使用超过700张面膜。那么，你真的相信她美艳娇嫩的面部肌肤，是她所推销的面膜的产物吗？恐怕真相恰恰相反，是因为她有着美艳娇嫩的面部肌肤，才出来推销面膜的。至于“她为人所知的美”，也许来自天生丽质，也许来自后天保养，但可以肯定的是，不可能完全来自面膜。

1982年，托马斯·彼得斯和罗伯特·沃特曼合著的《追求卓越》，成为美国历史上第一本销量超过百万的商业管理书籍，全球销量超过600万册。许多读者赞誉有加，称之为“美国工商企业管理的圣经”。该书以43家知名企业的实际案例为基础，最后总结出了“优秀企业的特征”，即做好所谓的“管理8项原则”。当时的企业领袖几乎没有人不承认深受这8项原则的影响。该书一度被视为美国商业的拯救者。管理学大师彼得·德鲁克曾高度评价此书：“彼得斯著作的力量就在于，他强迫你关注最基本的东西……它使管理听起来令人难以置信地容易。你所要做的就是，把这本书放在枕头下，然后一切都会完成。”

然而，就在此书出版后没几年，令人尴尬的事情发生了。书中提到的43家优秀企业并没能一直“优秀”下去，其中32家更是出现了严重的财务危机。而那些努力学习所谓“管理8项原则”的小企业，也并没有成长为真正的优秀企业。

事实上，这本企业家的成功学书籍所总结的优秀企业特征，不过就是成功企业的常规管理原则而已。这些企业是先获得了成功，才开始逐步实施这些管理行为的。而非书中所暗示的那样，实施这些管理行为，就能让你的企业成长为所谓的“优秀企业”。

可是，为什么如此多的企业家，甚至包括管理学大师彼得·德鲁克，都阴沟里翻船，被“错误归因谬误”所蒙蔽呢？原因就在于，人们普遍存在一种心理，希望能够找到成功的捷径。而“错误归因谬误”听上去是一个基于客观事实的合理化推断，人们在贪图方便心理的唆使下，极容易信以为真，彼此之间的以讹传讹，又进一步增强了这一谬误的可信度。

但最终，“纸是包不住火的”，真相迟早会发声。所以，当我们发现两种现象总是伴随出现时，不要武断地认为二者之间存在因果关系，而是应该独立且深入地思考，也许你会得出与众不同的结论，甚至发现一些真正有价值的东西。

美国沃尔玛某个超市的经理，就是这样一个有心人。当他发现每到周末，纸尿布和啤酒的销量都会同时上升时，他并没有急于得出“二者之间存在因果关系”的荒谬结论。他通过仔细观察和分析后发现，美国爱喝啤酒的年轻男性，往往周末会开车到超市购物，而他们年轻的妻子则会要求他们，顺便买一些孩子用的纸尿布回家，这才导致了啤酒和纸尿布间存在因果关系的假象。于是，根据他的建议，超市调整了货架，将啤酒和纸尿布摆放在相邻的位置，方便顾客购买。没想到，仅仅是这样的微调，就让啤酒和纸尿布的销量同时获得了大幅增长，缔造了一个营销行当的“神话”。

所以，下一次如果再有人试图用“错误归因谬误”来忽悠你时，你不妨给他讲讲这个“神话”故事，然后询问他是否可以得出“爱喝啤酒的人都喜欢穿纸尿布”的结论。

案例1：俗话说：“救急不救穷”，只能救助急事急难，不能长时间救助贫穷的人。贫穷大都是由自身好逸恶劳造成的，长期救助他们只会助长社会上懒惰的风气。这样的观点正确吗？为什么？

人们常常把他人的行为归因于人格或态度等内在特质上，而忽略他们所处情境的重要性，这是一种特殊类型的“错误归因谬误”，叫作“(基本）归因谬误”。造成一个人生活拮据的原因有很多种，可能是因为他自身不够勤奋，但也有可能是因为他或家人罹患重病，或者是由于生活在贫瘠的山区造成的。

事物本身的特性通常是事物变化的基本原因，但事物的外部环境也是事物变化的重要原因，二者共同决定了事物的变化方向。单纯强调基本原因，就犯了错误归因的逻辑错误。

案例2：你的朋友给你介绍了一个“炒股高手”，并声称他近期推荐的几只股票都上涨了，你是否也应该听从这位“炒股高手”的意见买进股票?

这其实是一种常见的“错误归因谬误”，简单地把购入股票价格上涨归因于购买股票者的炒股技术高超。股神巴菲特有一个非常形象的比喻：“投资者在市场里投资，就好像水中游泳的鸭子。水上涨了，鸭子也跟着一起浮上来。浮起来的鸭子，以为往高处游是它自己的本事，殊不知这只是因为水位上涨了而已。”也就是说，购入的股票上涨也有可能是因为整个股票市场行情的变化，和个人炒股技术无关。

个人的历史投资业绩，充满了各种“噪声”和“随机性”，其实并没有代表意义，更没有任何预测作用。无论是做投资还是做其他任何决策，都应该时刻保持理性思维，以客观事实为依据。

06 喜欢三得利啤酒就是不爱国?

一个稻草人当然是“打不还手、骂不还口”的，随便你如何攻击，它都不会反驳你。如果能用神奇的魔法把对方变成一个稻草人，对方的观点自然就变成了不堪一击的稻草，辩论自然也就不战而胜了。逻辑上的“稻草人谬误”就是这样的“神奇魔法”，其逻辑谬误的表现形式为：

甲：提出观点A。

乙：将观点A曲解成（更容易攻击的）观点B。

乙：攻击观点B。

乙：观点A是错误的。

用一句通俗的话来说，“稻草人谬误”就是给对方的观点扣上一顶“大帽子”，然后不断攻击这顶“大帽子”，对方的观点就变得不攻自破了。所以，这个“神奇魔法”的诀窍在于，事先准备一堆“大帽子”，如“不爱国”“性别歧视”“种族歧视”“自私”“懒惰”等，然后把对方的观点按图索骥地套到这些“大帽子”中，奇迹就发生了——对方变成了“只能挨打、不能还手”的稻草人。这种手法，在国外的政客身上可谓司空见惯。

2020年美国总统竞选中唯一的华裔候选人杨安泽（Andrew Yang），虽然有着华人的名字、华人的面孔和华人的基因，但事实上，他是一个土生土长的美国人。就连他三句不离口的“爱国主义”，指的也是他作为一个少数族裔，对美国这个祖国的热爱。

2019年11月24日，杨安泽声称，美国三大有线新闻网之一的MSNBC对他的竞选存在“系统性偏见”。他在接受媒体采访时说道：“MSNBC试图压制并最大限度地减少我的竞选活动，因为他们可能会支持其他候选人。”真相就是如此吗？

在MSNBC主持的第五场美国民主党总统竞选人全国电视辩论中，当时全国平均民调排名第六位的杨安泽“再一次”获得了“最少发言时间”。在接近两个半小时的辩论中，杨安泽仅有6分多钟的讲话时间，比发言时间最多的竞选人的一半还少。《商业内幕》称，“与民调数字相比，杨安泽说话的时间比民众们期望的要短……”不过报道也指出，与其他竞选人相比，杨安泽性格较为“内敛”，并不喜欢批评别人或者主动“抢话”，这限制了他的讲话时间。此外，与他相比，其他一些竞选人也被问到了相同数量的问题，但他们的讲话时间更多。换言之，如果杨安泽不改变自己风格的话，主持人必须向杨安泽提出更多的问题，并且禁止其他竞选人主动发言，这样才能保证杨安泽获得“公平”的发言时间。

当然，“系统性偏见”完全有可能存在，美国媒体对华裔的忽视或打压也完全可能存在。但是因为某一个具体的事件，就给对方扣上这样的“大帽子”，无疑就是利用“稻草人谬误”为自己谋利了。

2020年2月，杨安泽宣布退选时说：“我擅长数学，但数字告诉我，我赢不了特朗普。”但事实上，数字告诉我们，他也不失为赢家。刚开始竞选总统时，杨安泽几乎无人知晓，但两年多的竞选活动，让他拥有了10万名以上的捐款者，社交软件的粉丝更是从一开始的几万人猛增到如今的上百万人。

当然，杨安泽可能确实无意中利用了“稻草人谬误”。日常生活中，我们每个人都有可能在不知不觉中犯下同样的错误，曲解和误会真实的事物，导致自己“恐吓”自己的可笑局面。例如，在大家耳熟能详的“草船借箭”故事中，曹操就是在大雾中误把“稻草人”曲解成了真正的士兵，因而中了诸葛亮的妙计，平白无故地赠送了孙刘联军十多万支箭。

然而，无论是有意地还是无意地犯了“稻草人谬误”，都不是最可怕的；先是个别人有意利用“稻草人谬误”传播错误观念，然后一群无意犯错的人跟风起哄、推波助澜，才是最可怕的。不妨设想一下，有人施展了“神奇魔法”，将一个活生生的人变成了“稻草人”，然后其他人一拥而上，对这个“稻草人”拳打脚踢，置于死地。于是，残忍的暴行就变成了合理的正义。

历史上最著名也是最悲情的“稻草人”，就是纳粹时期的犹太人。希特勒将犹太人的富裕，用“神奇魔法”变成了狡诈贪婪。在受到蒙蔽的德国民众眼里，犹太人变成了杀死耶稣的“稻草人”，是神的敌人，是世界的敌人，是一切邪恶事物的根源和一切灾难的起点。

1938年11月9日深夜，在纳粹党领导集团的怂恿和操纵下，德国各地纳粹狂热分子走上街头，他们疯狂地捣毁犹太人的店铺和私人住宅，烧毁犹太人的教堂，公然迫害和凌辱犹太人，大肆逮捕犹太人。这一夜被砸毁的玻璃随处可见，据德意志保险公司的代表希尔加德先生讲，仅这些玻璃的损失就达600万马克。而要弥补这项损失，比利时全国玻璃工业要生产半年。由于被砸毁的玻璃晶莹透明，所以柏林居民用尖刻的俏皮话称其为“水晶之夜”。

在整个“二战”期间，欧洲的600多万犹太人成为希特勒屠刀下的屈死鬼，其中还包括100万儿童，成为纳粹“稻草人谬误”的牺牲品。而素以理性著称的德国民众，大多数都保持了沉默，甚至持有纵容的态度。

千万不要把这一幕悲剧，仅仅看作过去的历史！正如诺贝尔文学奖得主威廉·福克纳所言：“‘过去’永远不会消逝，它甚至并不曾‘过去’。”

互联网的普及，催生了网络暴力。一些人在网络上发表具有伤害性、侮辱性和煽动性的言语、文字、图片，针对受害者所犯下的小错误或是个人缺点，进行肆无忌惮的攻击。不明就里的“吃瓜”群众“灌水”跟进，甚至不理性地进行“人肉搜索”，曝光各项隐私，把受害人变成了活生生的“稻草人”。

2012年的电影《搜索》，就描述了这样一幕悲剧。电影中女主角因为在医院被检查出癌症晚期而心灰意懒，没有给身边的老大爷让座。这件“不道德”的事被人拍成视频传上网络，最终引起群体的口诛笔伐，不堪侮辱的女主角在精神和病魔的双重打击下，自杀身亡。

很多情况下，网民习惯性地站队到自认为正义的一方，以道德的力量审判他人。殊不知，在这个过程中，自己充当了刽子手，没能辨清对方究竟是“活人”还是“稻草人”，甚至到了辩论激烈的时候，一些网民已经完全不考虑事件的真相，纯粹享受的是辱骂和蹂躏“稻草人”的快感。

然而，谁人不会犯错？谁人没有缺点？如果“稻草人谬误”依然盛行，我们迟早都有被扣上“大帽子”的那一天。

案例1：你和朋友一起出去喝酒，朋友喜欢青岛啤酒，你却想选三得利啤酒。于是，朋友对你说：“你怎么能不爱国呢？三得利可是日本的牌子，想当年他们害得中国人多惨啊。”你该如何回应朋友的话呢？

显然，你的朋友将“不选择国产品牌的啤酒”表征为“不爱国”，这样一来，他的大脑是“省事”了，可你就被扣上了一顶“大帽子”。

碰到这种情况，千万不要针对表征，也就是被扣上的“大帽子”，进行辩论。如果你和对方争辩自己是否爱国，那就恰恰落入了对方的陷阱，越辩论越会对自己不利。正确的做法是，设法将谈话引回最初的具体信息上。例如，你可以回答说：“你说得很对，我们要爱国。这样吧，如果喝你喜欢的青岛啤酒，就由你来买单；如果喝三得利啤酒，就由我来买单。你看如何？”说不定，听到了你的答复，你的朋友会积极地鼓励你喝三得利啤酒。

案例2：你因为在公司开会而没能及时回复爱人的微信，爱人对你抱怨说：“在你心里，工作永远比我重要。”你应该如何回应她的话呢？

爱人的话显然是一个“稻草人谬误”，但如果我们真的因此与爱人争论“工作”和“爱情”哪个更重要，那只能证明我们不但情商太低，而且连智商也堪忧了。

听到这样的话，情商高的人第一时间会意识到爱人的借题发挥是因为缺乏爱情中的安全感，会立刻送上甜言蜜语哄她开心；智商高的人则会把“不能及时回复微信”归结于不可逆转的客观事实，如开会时领导要求把手机关上，从而终结继续争论的可能性。当然，你也可以双管齐下，这样就能将一触即发的“风暴”消弭于无形之中。

第二章

为什么不讲道理的逻辑，你却无从反驳

01 白马非马，女朋友不是朋友

公孙龙是中国历史上最擅长诡辩的逻辑学家。有一次，他骑着白马过关，守关门的小吏说："人过关免税，但马要交税。"没想到公孙龙狡辩说："白马不是马，不应该交税。"关吏认为他明显不讲道理，和他争论起来，结果却被公孙龙三言两语说得哑口无言。于是，公孙龙一时名声大噪。

按照常理来说，既然大家都认为"白马是马"，那么"白马非马"的说法一定是错的。当时的很多大儒却无一例外地在辩论中输给了公孙龙，没办法驳倒"白马非马"的论点。这究竟是什么原因呢？其实，公孙龙是利用了自然语言的歧义与模糊，所以才让大家产生了这种"似是而非"的感受，这在现代的逻辑学中被称为"语意模糊谬误"。

著名武侠小说家古龙先生，曾巧妙而形象地解释了公孙龙的这个诡辩难以驳倒的原因。他说："白马非马？女朋友不是朋友，是对这句话最好的理解。"

我们大家都能接受"女朋友是朋友"的说法，因为女朋友属于朋友这个大的范畴，就像"白马是马"。但同时大家都认可"女朋友不是朋友"的观点，因为女朋友不等同于朋友。你和女朋友的相处方式，肯定不同于朋友。

也就是说，“是”这个字有两个不同的含义：既可以表示“属于”，也可以表示“等同于”。公孙龙在与关吏争辩“白马非马”时，正是利用了这个歧义。关吏的意思是“白马属于马”，而公孙龙的诡辩则是在讲“白马不等同于马”。这位关吏乃至当时的诸多大儒，都没有识破公孙龙所犯的“语意模糊谬误”，这才导致“白马非马”的诡辩没有人能驳倒。

事实上，人类自然形成的语言中，很多字和词都是有歧义的，所表达的概念也常常很模糊。所以，为了更准确而高效地交流，现代几乎每个学科都有一套自己的“语言”，包括各种专业术语和符号。我们用数学符号来证明和求解数学问题，用化学元素符号来书写分子式，用物理符号来描述物理定律，用软件代码来编写计算机程序，同样，我们也可以用逻辑符号论证逻辑命题。

在逻辑学上，“等同于”用“=”表示，它的否定形式为“≠”；而“属于”用“∈”表示，它的否定形式为“∉”。如果关吏与公孙龙都能用现代的逻辑学符号来表达自己的观点，那么谁是谁非就能一目了然。关吏的意思是“白马∈马”，所以白马也应该和其他马一样交税，而公孙龙居然用“白马≠马”来否定关吏的观点，论证白马不需要交税，这显然是荒谬的诡辩。

对于一位专家学者来说，应该尽可能用词准确，对一些容易引发歧义的概念进行明确的定义，而不是像公孙龙那样利用“语意模糊”进行诡辩。这样做既是对自己负责任，也是对公众负责任。

古今中外，有很多像公孙龙这样的“聪明人”利用“语意模糊谬误”为自己谋利，如果我们缺乏这方面的意识，很可能就会被人愚弄而不自知。

有一位朋友曾经向我推荐过一个擅长算命的“大师”。他说自己当年参加高考时，心里没有把握，就和两个同学一起去算命。“大师”只给他们写了一个“一”字，就不肯再泄露天机了。后来，他们三个人中，真的只有我朋友一个人考上了大学，所以，他每次碰到难题，都会去找“大师”算命。而“大师”的寥寥数语，总是能给他指点迷津，异常灵验。

我听了他的话觉得非常好笑，因为这又是一个“语意模糊谬误”。无论他们三个人高考的结果如何，“一”字都可以解释。如果三个人都考中，可以解释为“一起考中”；三个人里考中了一个，可以解释为“只有一个考中”；三个人里考中了两个，可以解释为“只有一个没考中”；而三个人都没考中，可以解释为“一个都没有考中”。

其实，不仅中国的算命师擅长利用“语意模糊谬误”，西方的占星术也常出现“语意模糊谬误”。

1948年，美国心理学家伯特伦·富勒教授做了一个著名的占星术实验。他给班上的每位学生发了一份调查问卷，告诉学生上面写的话是根据学生本人的星座得出的个性分析，要求他们评估占星术的准确程度。结果，每位学生都表示：“占星术非常神奇，准确地测出了自己独特的个性。”

然而，真相让人大跌眼镜，富勒教授给每个人的问卷上的所谓个性分析，是完全相同的，都是以下这段语意模糊的话：“你需要其他某些人对你的喜爱，也需要得到他们对你的尊重。你有时候是外向的、友善的和平易近人的，有时候又是内向的、谨慎的和有傲气的。你有着巨大的潜能，但这些潜能并没有完全转化成你的优势。你存在一些个性上的缺陷，但总体而言能够弥补和平衡这些缺陷。你期望生活有一定程度的变化与改善，并且在受到限制与阻挠时会感到不满。你因为自己与众不同而感到自豪，没有令人信服的证据不会接受其他人的观念。但同时，你有自我批评的倾向。你的一些梦想可以说是相当不切实际的。”

法国著名外交家塔列朗曾经说过一句名言：“人之所以使用语言，就是为了掩盖自身的思想。”在我们日常工作和生活中，“语意模糊谬误”其实比比皆是。这一方面固然是自然语言的模糊性造成的，另一方面也不乏有人故意利用这种模糊性，掩盖自己的真实意图，从而为自己谋利。

案例1：你参加了某保健品公司组织的免费体检，他们告诉你体检结果显示你有高血糖，并补充说明，严重的高血糖会导致手麻、脚烂、视网膜脱落等症状。你应该相信他们的话吗？

事实上，高血糖是一个语意模糊的词。空腹血糖正常值为4.0~6.1mmol/L，当空腹（8小时内无糖及任何含糖食物摄入）血糖高于正常范围，称为高血糖。餐后两小时血糖高于正常范围

7.8mmol/L，也可以称为高血糖。通俗地说，高血糖不是一种疾病的诊断，只是一种血糖监测结果的判定，血糖监测是一时性的结果，可能是多种原因引发的。而糖尿病引发的高血糖，有可能导致手麻、脚烂、视网膜脱落等症状。

保健品公司刻意模糊高血糖这个概念，只不过是在为推销他们的产品做铺垫而已。如果你真的怀疑自己得了糖尿病，应该到正规医院去做检查，而不该轻易相信他们的话。

案例2：你送给朋友一本书作为礼物，但没想到他不高兴地说："我正好在竞聘部门经理的职位，你送我书，这不是在诅咒我会输吗？"你应该怎么回应他的话呢？

这其实是一个口头语言版本的"语意模糊谬误"。中国古代的老百姓大都不识字，不能使用书面语言。所以发音相同的字，在日常交流中经常会引发歧义。这导致民间产生了大量所谓吉利的口彩或不吉利的忌讳，都是与谐音有关的。"书"与"输"就是这种情况，但这其实完全是一种不合逻辑的迷信思想。

你可以开玩笑地告诉朋友："书在英文里是book，而book的另一个词义是预定。你拿到了book，这是一个好兆头啊！"这样你的朋友也就会转嗔为喜了。

当然，你应该趁着他心情好的时候，坦白地告诉他这只不过是一种逻辑谬误罢了。否则，万一他没有得到"预定"的职位，他就会来找你的麻烦了。

02 犯了错的人，没资格批评别人？

犹太人中流传着这样一个小故事。

村民们发现村里有一个女人通奸，十分愤怒。于是，一起把她揪到了一位先知面前，要求对她进行审判。先知问村民们有什么意见，村民们回答说："按照摩西制定的律法，我们应该一起扔石头砸死这个女人。"先知觉得这太残忍了，但又不能直接反对摩西制定的律法，于是对这些村民说："既然如此，你们中间谁认为自己从来没有犯过错的，可以上前扔第一块石头。"村民们面面相觑，都觉得自己没有资格"扔第一块石头"，最后只好无奈地散去。

不少人认为，这位先知的判决体现了仁慈与智慧，而且提醒了大众，在指责别人之前要先反省自身。但事实上，这套说辞根本没有道理，先知利用了一种人们常犯的"诉诸虚伪谬误"。通俗地说，这个逻辑谬误就是："犯错的人，没有资格去批评别人。"

通奸无疑是不道德的行为。但是，先知不讲道理的这番话，村民们为什么感到无从反驳呢？

认知科学的研究表明，人类大脑中存在着"镜像神经元"，能够与他人之间建立"共享回路"，从而对他人的遭遇感同身受。当我们看到别人跳舞时，我们的身体也会不由自主地跟着一起舞动；当我们的朋友痛哭流涕时，我们也会感到伤心难过；当我们在电视中看到成龙做出危险的特技动作时，我们自己的肾上腺素也会飙升。有趣的是，我们不但能和其他人建立“共享回路”，也能和动物、植物甚至是死物建立“共享回路”。回想一下我们小时候听的那些童话故事，木偶匹诺曹和小狮子王辛巴是如何牵动我们心弦的，我们就会意识到这种“共享回路”的作用有多么强大。

事实上，形成“共享回路”的能力在人类的进化过程中起到了关键性的作用，这使我们有能力通过模仿来学习他人的技能，同时能使我们更好地理解他人的感受，从而形成更团结、更稳定的社会群体。

在通常状态下，成年人大脑内的神经门会锁死“共享回路”，以免我们在公开场合像孩子一样不由自主地模仿别人。但如果遇到了强烈的刺激，或是大脑处于“内省”状态时，我们的“共享回路”就会打开，与注意力的对象之间发生“共情”。

所以，当村民听到先知要求他们评估自己是否曾经犯错时，都本能地进入了“内省”状态，打开了自己的“共享回路”，自然而然地认为“己所不欲，勿施于人”。既然自己犯了错不希望被别人用石头砸，那么，别人犯了错，自己也不要扔石头吧。

同样地，当别人利用“诉诸虚伪谬误”来反驳我们时，我们也往往会本能地进入“内省”状态，开始同情对方。想想看自己也会犯错，对方犯错的性质似乎就不那么严重了，甚至我们会觉得不好意思继续批评对方，否则就是在道德上采用“双重标准”，对自己和对别人的要求不一样。

但事实上，人和人之间本身就存在着很多不平等，不同的人本来就应该适用不同的标准。凡事都讲“己所不欲，勿施于人”，反而会得出很多荒谬的结论。

就拿子女教育来说，成年人和儿童肯定是要适用“双重标准”的。父母作为成年人，经济上是独立的，自控力也比较强，可以玩手机游戏、谈恋爱、独自旅行。但父母会因为“己所不欲，勿施于人”的念头，就允许儿童做这些事情吗？进一步而言，如果父母自己没有考上大学，就不能要求孩子好好读书，参加高考吗？如果父母自己小时候不懂事、调皮捣蛋，就不能要求孩子乖巧听话吗？如果父母自己从小缺乏运动，就不能要求孩子加强体育锻炼吗？

中国台湾知名漫画家八耐舜子画过一幅有趣的漫画，画中的小孩子满脸委屈地问他：“为什么我做错事，大人可以打我；而大人做错事，我就不能打他们？”八耐舜子回答：“因为你打不过他们！等你打得过了……他们就会开始跟你讲道理了。”

当然，打小孩子并不是一个好的教育方式，但这幅漫画形象地告诉我们，在身份不平等的人之间，“诉诸虚伪”只不过是一个笑话。

所以说，“只许州官放火，不许百姓点灯”，从表面上看没有道理，但实际上并不违背逻辑。州官有州官的标准，百姓有百姓的标准，这是无可争辩的，我们唯一能争辩的是，州官和百姓的标准应该由谁来定的问题。

以现代人的眼光来看，州官既然有更大的权力，当然应该承担更大的责任，适用更苛刻的标准。如果他也利用“诉诸虚伪谬误”来博取百姓的同情，说：“如果你坐在我的位置上，说不定你也会腐败受贿；如果你坐在我的位置上，说不定你也会以权谋私；如果你坐在我的位置上，说不定你也会贪赃枉法。”这是不是一个笑话呢？

尽管“诉诸虚伪”的说辞听上去很难反驳，却是没有道理的。

案例：你批评一个下属上班迟到，他却认为：“其他员工上班也迟到过，我就上班迟到一次又怎么了呢？你为什么单单要和我过不去？”你应该如何回应他呢？

这是一个“诉诸虚伪谬误”。按照他的逻辑，其他人盗窃，他也可以去盗窃；其他人杀人，他也可以去杀人。这显然是不对的。他之所以有这样的想法，是因为心理上觉得受到了“不平等”的待遇。也就是说，其他员工迟到后没有被发现也没有被批评，他迟到却被发现而且被批评了，觉得自己太“冤”。

一方面，你应该告诉这个员工，对于所有迟到的员工，你都会一视同仁提出批评，并没有对他格外苛刻；另一方面，你作为领导，也有义务建立一套公平的制度，使员工在犯了同等错误的情况下，受到同样的惩罚。

03 这么荒唐的说法，怎么可能是正确的

2001年由梁家辉和蒋雯丽主演的电影《刮痧》，获得了广泛的好评。影片反映了东西方文化的碰撞与交流，引发了人们的深刻反思。

梁家辉饰演的游戏软件工程师许大同赴美奋斗了八年，事业有成，儿子丹尼斯聪明可爱，一家人和睦幸福。但因为一件偶发的小事惹上了官司，他陷入妻离子散的悲惨境地。

许大同的老父亲从中国来探亲。一天，丹尼斯患感冒，与爷爷一起在家中休息。爷爷因为不懂英文，不知道该给孙子吃哪种药，便用中国传统的刮痧疗法为孙子治病。丹尼斯的病很快就好了，一家人也没把这件事情放在心上。

但没过几天，丹尼斯因不慎碰伤，被送进医院。医生吃惊地发现孩子背上有三条贯穿背部的紫红色瘀痕，认为他受到了家长的虐待。于是，许大同被保护儿童权益的机构以虐待儿童的罪名送上了法庭。许大同辩解那不是伤痕，而是中医疗法刮痧留下的痕迹，却苦于无法证明，并且由于家中曾经发生过许多与西方传统文化有矛盾的事情，法院判他败诉。许大同输了官司又丢了工作，连妻子为了获得儿子的探视权，都不得不假装与他分手。

在法庭的辩论中，许大同焦急地向法官解释说："刮痧是传统的中医疗法，可以治疗各种疾病。几千年来，中医认为人体有奇经八脉，就像无数小溪流向江海，人的身体就像非常复杂但看不见的生命网络，如同计算机网络一样，人的气发自丹田，又回到丹田，也是同样的道理……"法官则流露出一副"你当我是白痴啊"的神情，直接打断了他的话，并裁定说："你让自己的儿子丹尼斯生活在不安全的环境中，丹尼斯应该由儿童福利局监护，直到发现新的证据再次召开庭审。"

当然，对于中国人来说，"刮痧是一种治疗方法"是正确的观点。许大同论证自己观点的一番话，在美国法官听来，却像荒谬绝伦的诡辩。于是，法官想当然地判定"这是一个错误的观点"。因为对方的说法中存在谬误，就认为对方的观点是错误的，在逻辑上有点拗口地被称为"谬误谬误"。也就是说，如果你因为对方的说辞中存在错误，就武断地认为对方的观点是错的，那么你自己就犯了"谬误谬误"的逻辑错误。

对于中国人来说，最能体现所谓的"谬误谬误"是一种谬误的案例，恐怕就是中医学说了。

在一些西方人眼中，中医一点儿都不科学：世界并不是由金、木、水、火、土这五种元素构成的，用五行相生相克理论来描述五脏的疾病显得更加荒谬；人的血液、淋巴等循环系统里肯定也没有任督二脉，经络学说没有任何解剖学证据；三焦不符合任何内脏器官的特征；人的神经中枢是大脑，而非心脏。而古人以为蝙蝠夜视能力好，所以用蝙蝠粪便作为“夜明砂”入药来明目，听上去也像一个十足的笑话。因为科学家们发现蝙蝠基本上视力较差，主要依靠回声波来判断目标。

2018年10月1日，世界卫生组织将中医纳入其具有全球影响力的医学纲要，承认了中医的学术地位。这当然是因为中医的诸多治疗方法被客观事实证明是正确的治疗方式。不仅影片中描写的刮痧是有疗效的，而且针灸是有疗效的，拔火罐是有疗效的，推拿按摩是有疗效的，食疗是有疗效的，中药更是有疗效的，甚至连五禽戏这样的养生气功也是有疗效的。对于罹患晚期癌症的病人，西医觉得束手无策，但他们往往会建议患者去中医那里再试一试，或者至少考虑结合中医的治疗方案。

所以，当我们发现他人的言论中存在明显瑕疵时，不要急于武断地认为：“这么荒唐的说法，怎么可能是对的？”而是应该客观地审视其最终的观点是否与事实一致，因为说到底，实践才是检验真理的唯一标准。

更进一步说，任何一个聪明人都不应该仅仅满足于自己的结论是正确的，而应该试图使自己的整个推导过程变得更加完美。最终他可能会发现，自己的结论也许还有提升和改善的空间。同样地，中医如果想要获得更多人的认可，就不能只满足于“我是有疗效的”，而是应该努力发现疗效背后真正的科学原理。

药学家屠呦呦如果只是满足于“中药青蒿对治疗疟疾有疗效”，我相信她是不可能获得诺贝尔生理学或医学奖的。正是因为她找到了分子式为$C_{15}H_{22}O_5$的青蒿素，发现了传统中药疗效背后的科学原理，这才使她在国际上赢得了广泛的认可。同样地，如果中药“夜明砂”确实有明目的疗效，我们也应该努力去发现并萃取其中有效的化学物质，而不是让病人把蝙蝠粪便整个吃下去。

随着中国进一步改革开放及互联网带来的全球“扁平化”，文化碰撞交流的现象日趋明显，这使“谬误谬误”的逻辑错误变得越来越常见。对于中国人来说，西方的一些观点，虽然看起来逻辑上极为荒诞，但也未必是错的。例如，中国人的传统观点是“棍棒底下出孝子”，而《刮痧》这部影片中的美国儿童权益保护机构，居然以小孩子在家挨打为理由，要求剥夺父母对孩子的抚养权，这在许大同看来是不可理喻的，以至于他愤怒地殴打了起诉他的律师，惹下了更大的灾祸。但平心而论，孩子的健康成长高于一切，美国儿童权益保护机构的观点和做法也许有点矫枉过正，总体而言无疑是正确的。

所以，当与别人发生争论时，我们应该意识到，重要的并不是赢得辩论而是发现真理。赢得辩论很容易，找到别人犯下的错误就可以了，但这其实并没有太大的意义；发现真理则要难得多，你有可能需要找到自己犯下错误的深层次原因，这才是更有意义的事情。

接下来，让我们一起来思考以下相关案例。

案例1：媳妇生完孩子一周后，觉得身体恢复得不错，想出去逛街。婆婆却认为女人生育后会“阳气不足”，需要“坐月子”，至少要在家休息一个月才能出门。媳妇应该听从她的建议吗？

婆婆的论点是产妇应该遵守传统习俗“坐月子”，她认为产妇生产会“损失阳气”，出门容易风邪入侵，感染疾病。对于年轻人来说，可能会不认同婆婆的观点。但是，如果仅仅因为婆婆的论述水平低，就认为婆婆的观点不正确，那就是犯了“谬误谬误”的错。要知道，哪怕一个人论证自己观点的逻辑再不完整、再武断、再荒诞，他的观点仍然可能是完全正确的。

从医学的角度来说，产妇由于分娩消耗大量体力，分娩后体内激素水平大大下降，新生儿和胎盘的娩出都使得产妇代谢降低，因而免疫力必然较低。在家里“宅”上一个月，显然可以降低感染疾病的风险。所以说，“坐月子”这个中国人从西汉开始就有的传统习俗，确实有着一定的合理性。

当然，现代的中国人营养条件变好了，医疗卫生条件也完善了，产妇未必需要像古代人那样在床上躺满一个月，而可以参照专业医护人员的建议，结合自己身体的实际状况，合理安排产后康复生活。

案例2：有人说：“从来没有谁真的看见过鬼魂，所以鬼魂肯定是不存在的。”这种说法对吗？

如果因为自己不知道，或是因为无法证实事物的存在，就说某种事物是不存在的，在逻辑上被称为“诉诸无知谬误”。比如，没有人能真的看到万有引力，但万有引力是客观存在的。所以他的论证是错误的，不是有效的逻辑。但“鬼魂不存在”的观点却完全可能是正确的。如果你因为他犯了逻辑错误，就得出他的观点也一定错误的结论，那么就犯了“谬误谬误”。

而且，根据逻辑上的举证责任准则，他其实并不需要直接举证“鬼魂不存在”。反而提出“鬼魂存在”的人才有责任来论证自己的观点，只不过他们的论证过程，必然会遭到科学证据的有力反驳。

04 地球人都知道这是错的

我们不得不承认，思考是一件痛苦的事情。如果有一种方法，能够让我们不经思考就直接得出正确的结论，大家必然趋之若鹜。

在花车大游行的队伍中，搭载乐队的那一辆花车无疑是最引人注目的。你只要跳上这辆乐队花车，就能够在避免行路之苦的同时，愉悦地享受游行中的美妙音乐，也因此，英文中的短语“jumping on the bandwagon”（跳上乐队花车）就代表了“进入主流”。

但是，如果你认为自己的观点只要“进入主流”，具备群体共识，就是正确的，那么你就犯了逻辑错误。这种错误被形象地称为“乐队花车谬误”。

正如诺贝尔文学奖得主法国作家阿纳托尔·法朗士所说的那样：“即便五千万人都说出了同一句蠢话，这仍然是一句蠢话。”一个观点是否正确，与有多少人相信它是否正确毫无关系，与所谓的主流社会相信它是否正确更加没有关系！正确的观点，即便没有一个人相信它，它仍然是正确的；错误的观点，即便世界上所有的人都相信它，它仍然是错误的。

几乎所有的科学发现在被证明是真理之前，它们在大众的认知中都曾经历过这样一个阶段："这怎么可能是对的？地球人都知道这是错的！"

16世纪初，科学的曙光开始照耀欧洲大陆，少数的有识之士开始摆脱主流思想的束缚而依据客观事实来独立地思考问题。著名的航海家斐迪南·麦哲伦，在瞭望从远处驶来的船只的过程中发现，首先映入眼帘的只有顶部的船帆与桅杆，要看到底部的船身与甲板，必须等到对方的船只离自己足够近。于是，他意识到所谓的海平面其实并不是平的，而是存在凸起的弧度的，进而意识到既然船从任何方向驶来都能观测到同样的现象，大地肯定是一个球体。

而当时的地球人几乎都认为他的观点是错误的。主流大众不但反对海平面不是平面的说法，并依据"水往低处流"的常识来反驳他："如果海面上有凸起的地方，这里的海水就会自动地向没有凸起的地方流动，所以整个大海从宏观而言必然是一个平面。"而且主流大众更加反对大地是球体的说法，并嘲笑他说："如果大地是一个圆球，意味着有人头朝上，有人头朝下，那么头朝下的人难道不会从地表掉下去吗？"

1519年8月10日，为了证明"大地是圆的"，麦哲伦做了一个漫长而又艰辛的科学实验，他率领"维多利亚"号从西班牙出发一直向西航行，开始了人类历史上的第一次环球旅行。1522年9月6日，在经历了3年多的艰苦历程后，"维多利亚"号在怒涛巨浪下又重新返回了西班牙。尽管麦哲伦本人在这次冒险活动中付出了生命的代价，但他用无可争辩的事实证明，他的“非主流”观点才是正确的！所谓的地球人都认为是错误的观点，恰恰是科学的真理。

古希腊哲学家柏拉图曾经说过：“真理可能在少数人一边。”人多力量大，但并不意味着，人多智慧就高。我们之所以容易屈服于多数人的观点，本质上不是因为他们更有智慧，而是因为他们更有力量。

由原始人进化成为现代人的漫长岁月里，人类经历了无数次惨烈的部落兼并战争，而争夺部落首领地位的内战也时有发生。那些选择了站在多数人一边的原始人，死亡的概率明显会更小。也就是说，我们当代人遗传的是“随大流”的基因，是服从大多数的基因。我们总是试图“跳上乐队花车”，不仅是因为懒惰，还因为怯懦。

无论在任何一个时代，要想战胜这种本能是异常困难的，也是需要勇气的。尽管在如今社会上，“唱反调”的人不至于像麦哲伦那样需要付出生命的代价，也不至于像布鲁诺那样会被烧死在火刑柱上，但我们仍然有可能遭受群体的“冷暴力”。所以，聪明人往往奉行“沉默是金”的原则，即便看到了没穿衣服的皇帝，也选择三缄其口。

要想打破这种“大家都不想先开口”的怪圈，仅仅依靠每个人都明白什么是“乐队花车谬误”，恐怕是不够的，还需要群体中的领导者设计出鼓励独立思考、鼓励少数派发言的游戏规则，而不是一味地强调“个人服从集体”和“少数服从多数”。事实上，百花齐放才有真春天，百家争鸣才有真智慧。

也许有人会说：我承认一个观点是否正确并不取决于大多数人是否相信，但能不能认为，大多数人相信的观点更有可能是正确的呢？大多数人共同做出的决策难道不是优于少数人做出的决策吗？群体的智慧难道不是超过个人的智慧吗？

对于这一问题，人们有两种截然不同的流行观点。

有些人认为，群体比个人更有智慧。《纽约客》杂志著名的专栏作家詹姆斯·索罗维基认为普通民众组成的群体的智慧，甚至超过了精英或专家等个人的智慧。例如，在搜寻美国沉没的核潜艇“天蝎号”时，缺少信息的大众做出的方位预测精确度超过了军事专家；美国的艾奥瓦电子市场更是准确预测出了施瓦辛格当选州长；好莱坞证券交易所也依靠群体的智慧预测电影的票房收入。

还有一些人则认为，群体反而不如个人更有智慧。古斯塔夫·勒庞在其大众心理学著作《乌合之众》中说：“当个人是一个孤立的个体时，他有着自己鲜明的个性化特征，而当这个人融入群体后，他的所有个性都会被这个群体所淹没，他的思想立刻会被群体的思想所取代。而当一个群体存在时，它就有着情绪化、无异议、低智商等特征。”勒庞同样列举了大量的客观证据来证实人们形成群体后反而变得更“愚蠢”了。

那么，究竟哪一种说法是正确的呢？

如果你真的理解了什么是“乐队花车谬误”，你就会得出和我一样的结论：两种说法都是错误的。从逻辑上讲，一个观点是否正确与有没有人相信它毫无关系，一个决策是否明智与它是由多少人做出来的毫无关系，一个行为是否智慧与它是群体行为还是个人行为也毫无关系。

案例1：你的爱人对你说，《断舍离》这本书非常畅销，大众开始流行"极简"生活，我们也应该把家里没用的东西都扔掉。你应该怎么反驳他？

"乐队花车谬误"包含着一个悖论，即所谓的"大众""主流"及"大多数人"的观点都只是一个相对的概念，放在一个更高的维度来看，它们又会变成"小众""非主流"或"少数人"的观点。

所以，你可以反问你的爱人是否认为"大众"的观点就一定是对的，"小众"的观点则多半是不对的。如果你的爱人确实是这么想的，你可以告诉他，《断舍离》的全球销量虽然超过400万册，但其读者相对于全球的人口来说无疑是非常"小众"的。

这有助于让你的爱人认识到，一本书里的内容是否正确与它是否畅销其实没有什么关系，一个观点是否正确也与它是"大众"的还是"小众"的，没有任何关系。

案例2：你的父母对你说，炒菜用铁锅比较好，不粘锅不利于健康。你的爱人则认为："这种说法多半是谣言，那么多人都在用不粘锅炒菜，怎么可能不利于健康呢？"你怎么评价他的观点？

真理往往掌握在少数人手里，很多真话刚开始都被认为是谣言。

懂得了什么是“乐队花车谬误”，你就会意识到：哪怕再多的人做一件错事，这件事仍然是错事。所以，你爱人的这番话是不符合逻辑的，事实上也与真相不符。

美国常见的不粘锅涂层是杜邦公司发明的特氟龙，虽然特氟龙本身是无毒的，但其生产过程中所需要添加的助剂PFOA则是一种有毒的物质。杜邦公司明知这一事实，却因为特氟龙带来的巨大利润，对公众隐瞒了数十年之久。

美国律师罗伯特·比洛特耗时20多年终于将杜邦公司送上了法庭，迫使杜邦公司在2013年停止了PFOA的生产和使用，3000多人对杜邦公司提起了人身伤害诉讼，但此时已经有一亿多美国人的血液里永久地留存着这种有毒物质了。真实的情况是，以前生产的不粘锅确实是有毒的，新款的符合标准的不粘锅也应该在低于250℃的条件下使用。

05 爱人和母亲同时掉进河里，你先救谁？

英国有一位性格怪异的亿万富豪名叫埃里克森，他膝下无子却得了绝症，无人继承他的巨额财产。于是，他在报纸上刊登了一则谜题，并声称："如果有人能够给出他心目中的正确答案，并做出合理解释，就可以获得价值亿万英镑的遗产。"

以下是他提出的问题：

"有三位杰出的科学家一同乘坐热气球旅行，他们的研究都关系着人类未来的命运。第一位是医药学家，他即将研发出能够彻底治愈癌症的新药，大幅延长人们的平均寿命。第二位是能源专家，他可以发明一种取之不竭、用之不尽的新型绿色环保能源，避免温室效应造成全球的环保灾难。第三位则是粮食专家，他能在不毛之地，运用专业知识成功地种植农作物，使几千万人脱离饥荒的命运。但是，他们乘坐的热气球发生了故障，出于安全考虑必须扔下一位乘客，应该在这三位科学家中选择哪一位扔下去呢？"

一开始，人们认为这多半是埃里克森的一个恶作剧，因为总共只有三个选项，如果很多人来回答，必然会有好几个人猜中正确答案。

但是，埃里克森在第二天的报纸上又刊登了一份由律师公证过的遗嘱，他已经将这份遗嘱和密封的答案委托给了英国最大的律师事务所。三个月之后，律师事务所将在公众面前打开密封的答案。如果有很多人的回答和解释都正确，他们将平均分享这笔遗产；如果没有人回答正确，埃里克森的遗产将全部捐献给慈善机构。

这下子，人们开始相信埃里克森不是在开玩笑。答题的信件一封接一封地寄到了律师事务所，堆满了整个大厅。一些专家和学者分析，回答埃里克森谜题的关键可能在对答案的解释上，所以不少来信都是洋洋万言，深入剖析医疗、能源或粮食对人类命运的影响。这继而引发了广泛性的社会讨论，成为轰动一时的热门话题。

三个月之后，激动人心的时刻终于到来了。不过此时埃里克森已经不在人世，律师打开了他密封的答案，并当众宣读："将体重最重的人扔下去，这样才能最大程度地保障热气球的安全。"令人大跌眼镜的是，在律师事务所收到的不计其数的回答中，只有一个7岁小男孩约翰的回答"扔最胖的人，因为他最重"勉强算得上是正确答案。于是，约翰一个人继承了亿万英镑的遗产。

这个故事是根据历史上一个真实事件改编的。你可能看过类似的案例，已经提前知道了问题的答案，但你是否知道为什么只有一个7岁的孩子做出了正确回答呢？

事实上，埃里克森的谜题是一个"有问题"的问题，在逻辑学上被称为"诱导性问题谬误"。其逻辑谬误的具体表现形式为，发问者通过描述性的文字在所问的问题中埋设了陷阱，而回答者却没有识破，做出了不符合逻辑的回答。

人类的语言中往往包含着“修辞”和“逻辑”两个要素。我们更容易理解一个纯逻辑的句子：“西施是美女”，却更喜欢阅读经过修辞装饰的句子：“西施有沉鱼落雁之姿、闭月羞花之貌，她捧心蹙眉的愁容引发万人效仿，偶尔露出的明媚灿烂的微笑足以倾城倾国。”

但是，当我们阅读后一类句子时，大脑往往会跟随其中修饰性的文字进行思考，忽略其中的逻辑性，从而有可能导致“文过饰非”性质的错误。

埃里克森的谜题之所以让众多聪明的专家学者都没有做出合乎逻辑的回答，就是因为他们都被描述性的文字引入了思维的岔路。而7岁小男孩约翰的优势就在于，他根本不知道什么是杰出的科学家，完全没有理会那些描述性的文字。在约翰的头脑中，埃里克森谜题在逻辑上被直接等价为“热气球上的三个人扔哪一个下去，剩下的两个人最安全”。事实上，任何能够做出上述逻辑简化的人，都能得出和约翰同样的结论。

在日常生活中，也有一个与埃里克森谜题十分类似的问题，那就是你的爱人问你：“我和你妈妈同时掉进海里，你会先救谁？”如果你能避免受到其中描述性文字的影响，真正地进行理性思考，你就会将这个问题在逻辑上等价于“两个人同时掉进海里，应该先救谁”。

那么，你的回答应该和一个接受过专业训练的海滩救生员没什么两样：“先救不会游泳的那个人。如果两个人都会游泳，或者都不会游泳，先救那个溺亡可能性更大的人。因为这样做，才有最大的概率同时救活两个人。”只有这样符合逻辑的回答，才不会得罪她们两人中的任何一方。

如果你觉得自己能识别出“诱导性问题谬误”了，不妨来挑战一个在逻辑学考试中经常遇到的问题。

请仔细阅读以下文字：赵思雨是一个活泼开朗的“90后”姑娘，她特别喜欢小动物，经常帮助孤寡老人。每次单位组织献血，她总是带头报名。

如果以上陈述为真，下面两个陈述中哪一个为真的可能性更大？

A：赵思雨是一个吝啬鬼。

B：赵思雨虽然是一个吝啬鬼，但心地还是比较善良的。

如果你的答案是B，说明你又重蹈覆辙，落入了“诱导性问题谬误”的陷阱，被描述赵思雨的相关文字所误导了。陈述A中仅仅存在一个逻辑判断：“赵思雨是一个吝啬鬼”。只要这个逻辑判断为真，陈述A就是真的。而陈述B中存在两个逻辑判断：“赵思雨是一个吝啬鬼”和“赵思雨心地比较善良”。当且仅当这两个逻辑判断同时为真时，陈述B才为真。关于赵思雨的描述确实增加了“赵思雨心地比较善良”这个逻辑判断为真的可能性，但并不能证明这个判断绝对为真。所以，陈述B比陈述A为真的概率更小。

“诱导性问题谬误”除了通过增加描述性文字来误导我们之外，还可以通过减少描述性文字来误导我们，这一类逻辑谬误又被称为“暗示类的诱导性问题谬误”。

如果你参加一个求职面试时，主考官问你：“这是一个非常重要的岗位，你在劳动合同约定的三年期满后，是否会考虑加入竞争对手的公司？”此时，你无论回答“会”还是“不会”都落入了对方的逻辑陷阱。因为，他的问题中缺少了一句描述性的话，暗示你在合同期满后会“跳槽”，所以，你的正确回答应该是：“我想我没有机会考虑这个问题，我在合同期满后会继续与贵公司续签劳动合同。”

人类是一种奇怪的动物，我们常常是心里有了答案才提出问题的。如果你注意观察，就会发现“诱导性的问题”几乎无所不在，有时候它们来自别人对你的提问，有时候则来自你对自己的提问。只有通过理性的思考，将这些“有问题”的问题转变为逻辑化的语言，我们才有可能发现没有问题的正确答案。

案例1：你最近因为工作忙和女友见面不多，女友问你：“你是不是又喜欢上别的女孩了？”你应该如何回答呢？

这是一个诱导性问题，仅仅多了一个“又”字，问题的性质就大不一样了。如果你直接回答“不是”，就相当于承认了以前曾经“喜欢上别的女孩”。所以，正确的回答是：“从来没有。”此外，女友会如此发问，说明她心里在疑心你容易移情别恋，你也需要反思一下自己的行为中是否有不妥当的地方。

案例2：房产销售人员问你："您知不知道我们这个楼盘是附近区域中交通最便利、配套最完善和升值潜力最大的？"你应该如何回答？

销售人员经常使用"您知不知道"或"您有没有听说过"这样诱导性提问的话术，如果你直接回答"不知道"或是"没听说过"，其实相当于默认他的观点是事实。尽管你从没有承认他的观点，但这势必会对你的潜意识造成影响，增大你购买对方商品的可能性。

碰到这类问题，你务必小心，应该毫不客气地质问他："你凭什么这么说？"并要求他拿出具体的符合客观事实的证据来支撑自己的论点。

第三章

为什么听上去有道理的逻辑，感觉上却无法接受

01 经济学家的预测为什么总不准？

“合成谬误”一词是由诺贝尔经济学奖得主保罗·萨缪尔森提出的，他发现：“在经济学领域中，在微观上是对的东西，在宏观上并不总是对的；反之，在宏观上是对的东西，在微观上可能是十分错误的。”例如，从微观经济学视角来看，企业应该生产那些市场上急需的商品，这样才能有利可图；然而，从宏观经济学的视角来看，如果所有企业都这么做，必然会导致生产过剩，甚至会诱发经济危机。

事实上，“合成谬误”的适用范围远不止经济学，更准确地说，它是一种很早就被发现但至今依然流行的逻辑错误。

可以说，在地球的每一个角落里，“局部与整体属性不一致”的“合成谬误”是无所不在的。沙漠中孤零零的一棵树必然会枯萎死亡，一片树林却可以把荒漠改造成绿洲；一堆篝火可以做饭取暖，一把大火则可能将城市化为废墟；少量的微生物可以被制成抗生素治疗疾病，大量的同类微生物则会致人死亡。

人们也发现，在很多情况下，“合成谬误”并不会发生。只要尝过一滴海水是咸的，就知道整片大海是咸的；只要能点燃一根木头，就知道一片森林都可以着火；只要熔化一根铁钉，就知道整块钢铁都可以熔炼。若所有事物都会发生“合成谬误”，自然科学也就不会为人类的生活带来天翻地覆的变化了。

那么，究竟在什么情况下才会发生“合成谬误”，什么情况下则不会呢?

简单地说，当我们在讨论事物的颜色、气味、熔点、沸点、硬度、导电性、导热性、延展性等物理性质，或者可燃性、稳定性、酸性、碱性、氧化性、还原性、助燃性、腐蚀性、毒性、脱水性等化学性质时，一般不会发生“合成谬误”。但是，当我们讨论事物的遗传、变异、新陈代谢、分裂繁殖、运动性、适应性等生命特征，或者文化、财富、审美、繁荣、自由、平等、公正等社会属性时，则需要注意避免产生“合成谬误”的逻辑错误。

究其根本，这是因为非生命物质和生命物质之间有着本质的不同，即便是像细菌这样最简单的单细胞生命，也具备自我繁殖和新陈代谢的功能，而组成它的所有化学物质都不具备这两种功能。生物作为一个整体，是由许多“死”物的个体构成的；有意识的人作为一个整体，是由许多无意识的局部组成的。所以，生命的存在本身就是“合成谬误”活生生的案例，至于人类这种最复杂的生命体，更是会形成最复杂的“合成谬误”。

有人嘲笑那些知名的经济学家，说他们没有一个人准确地预言了2008年的金融危机，并且认为和物理学相比，经济学几乎不能算是一门科学。物理定律可以准确地预言各种物理现象，而没有一种经济理论能准确地预言各种经济现象。这种评价是有失公允的。自然科学的研究对象一般不会产生“合成谬误”，可以从个体属性推导出整体属性；而社会科学的研究对象则是活生生的人，构成群体的每个个体都是有自由意志的。试图把物理规律的普适性强行套用到社会现象遵守的统计规律上来，是一种极其错误的想法。

具体而言，“合成谬误”在现实生活中可能会导致以下三种危害：

第一种是所谓的“公地悲剧”。我们仅仅关注当前对自己个人或小团体有利的事情，忽视了公共利益，从而做出了对自己不利的行为。例如，给某一个贪财的老师偷偷塞一个红包，可能有利于自己的孩子在教育上受到额外关照。但当这种行为形成了不好的风气，一个班的家长都这么做的时候，不仅你的孩子不会得到额外关照，大家也都白白浪费了一个红包的钞票。

第二种是所谓的“囚徒困境”。也就是合作双方都做了自以为对自己最有利的决定，但实际上这个决定对双方而言并不是最好的选择，甚至是最坏的选择。例如，两辆车在一片狭窄区域即将会车时，双方都踩油门试图在对方抵达前加速通过，结果造成了交通堵塞，甚至是撞车事故。

第三种是所谓的“搭便车行为”。用中国的老话讲，就是一个和尚挑水喝，两个和尚抬水喝，三个和尚没水喝。一个集体的人越多，合理分配劳动成果的可能性就越小，监督“偷懒”行为的难度就越高，集体利益就越难得到有效的维护，最终也必然会损害到个人的利益。

有趣的是，“合成谬误”还有一个“孪生兄弟”，名叫“分解谬误”。与“合成谬误”犯错的方式恰恰相反，“分解谬误”是依据整体或群体具备某种属性，就错误地推断局部或个体具备同样的属性。例如，由索马里是一个贫穷的国家，得出每个索马里人都很贫穷的错误结论。但事实上，那些劫持油船的索马里海盗个个都是暴发户。

这一对逻辑谬误“双胞胎”，其实都和生命现象有关系，可谓是“生死攸关”的一对谬误。在生命的新陈代谢活动中，将“死”物变成“生”物的合成代谢，与将“生”物变成“死”物的分解代谢，是缺一不可的。前者将无生命的局部变成了有生命的整体，后者则将有生命的整体变成了无生命的局部。所谓活着，就是通过二者不断循环往复进行吐故纳新的。所以，就像生命是“合成谬误”的最好例证那样，死亡也是“分解谬误”的最好例证。红粉白骨，美丽的生命在死神面前也只是一堆不那么美丽的化学物质。

可以想见，“分解谬误”的适用范围与“合成谬误”是大致相同的，仅仅在生命现象和社会现象中才会发生。但造成的危害有所不同，“合成谬误”是过于关注个体的利益，“分解谬误”则是过于关注整体的利益，反而造成个体利益受损。例如，美联储的量化宽松政策有利于刺激整个国家的经济发展，但对美国的普通民众来说，反而因为手中的美元贬值造成了个人的经济损失。

可以这么说，一项好的经济政策，应该使国民的利益和国家的利益最大程度地保持一致；一套好的道德规范，应该使个人的利益与社会的利益最大程度地保持一致；一个好的企业制度，应该使员工的利益与企业的利益最大程度地保持一致。从某种角度而言，评价一个系统优劣的标准，就是看它能在多大程度上消弭“合成谬误”和“分解谬误”。

所以，我们既不能过于站在个体角度看问题，也不能过于站在整体角度看问题，而是需要将个体和整体作为一个系统来看待。我们更不应该把国家法律、社会规范和企业制度等系统性的管理措施视为一种对自己的“约束”，事实上，正是这些“约束”大幅降低了“合成谬误”和“分解谬误”给我们带来的危害。

如果你能学会系统地分析问题，不但自己犯错的可能性会减小，而且别人言辞中的“合成谬误”与“分解谬误”也会在你眼中无所遁形。让我们一起尝试分析以下两个在日常工作、生活中可能遇到的案例。

案例1：当你去一家心仪的企业应聘时，主考官问你：“优秀的企业需要优秀的员工，你认为自己是我们需要的人吗？”你会如何回答他呢？

主考官的话表面上听起来很有道理，但你是不是总感觉有点“不对劲”？如果你不能识别主考官言辞中的“合成谬误”，就会陷入一个两难的境地：回答“是”显得有些自以为是，回答“不是”则显得过于没有自信。

所以，不妨有技巧地“揭穿”主考官设下的语言陷阱，不卑不亢地做出回答：“在我看来，一个企业之所以优秀，正是因为它能让不够优秀的员工迅速成长为优秀的员工，让平凡的员工做出不平凡的业绩。我坚信自己能成为一名优秀的员工，做出一番不平凡的业绩，请给我一个机会证明这一点。”

这样回答才能证明你真正具备了系统性的思维，在不自我夸耀的同时，充分表达了积极求职的意愿。

案例2：你的老板想让你陪他一起加班，却不想给你加班费。他对你说：“等公司上市了，我们每个人都能实现自己的梦想，现在正是需要一起拼搏的时候。”如果你不想义务加班，应该如何回绝他呢？

公司上市后，股东会获得巨大的收益，但对于普通的员工来说，回报却十分有限。所以，老板的言辞里存在着“分解谬误”。你不妨用换位思考的方式提醒老板这一点，半开玩笑地回答他：“您说得太好了！我要是公司老板，我也梦想着上市，我也要拼搏。可是您别误会，我绝对没有‘谋朝篡位’的意思。我想，我还是老老实实做一个朝九晚五的合格员工吧！”

如果你的老板足够明智，他应该意识到不应用自己的标准来要求你，采用类似于“员工持股制度”的系统性解决方案，才是激发员工工作积极性的根本解决之道。

02　少了一枚钉子，灭亡了一个国家

假设你是一个都市白领，因为遇到交通堵塞，上班迟到了一分钟。尽管你连声道歉，但是你的部门经理，一个苛刻的家伙，仍然滔滔不绝地批评你：

“不要认为迟到一分钟无所谓，我们部门有60个人，如果都像你这样迟到一分钟，整个部门就损失了一小时的工作时间；我们公司有24个部门，每个部门都像我们这样，整个公司就损失了一天的工作时间；我们集团有30家子公司，每个子公司都像我们一样，整个集团就损失了一个月的工作时间。集团一个月的损失可不是一个小数目，你也承担不起。这样吧，我就从轻处理，扣掉你一个月的工资，以儆效尤！”

你该如何应对这种情况呢？也许你觉得他的话似乎有那么一点儿道理，但我想你一定不愿意接受扣工资这么严重的处罚。

一块石头的松动，能引起整个山体的滑坡吗？确实有可能。但你不可能把整个山体滑坡的原因，都归咎于这块石头。这是因为，一块石头的松动，更大的可能是并没有引起整个山体的滑坡。通过逐渐放大、扭曲对方观点来赢得辩论的方法，所犯的就是逻辑学中的“滑坡谬误”，其逻辑谬误的表现形式为：

甲：提出观点A。

乙：A可以引发B；B可以引发C；C又可以引发D。

乙：观点D是错的，所以观点A是错的。

事实上，这类谬误所犯的错误是比较明显的。在其一系列的论证过程中，总是把有可能发生的事情，说成像是一定会发生的；把“必要条件”说得像是“充分条件”一样；把鸡毛蒜皮的小事，说成天要塌下来的大事。

然而，尽管你感觉无法接受对方如此夸张的逻辑，对方的话为什么听起来又像是“很有道理”的样子呢？至少有以下两个原因。

第一个原因是，“滑坡谬误”所描述的现象，确实能在客观现象中得到一定程度的验证，而且往往符合我们的心理预期。老子曰：“合抱之木，生于毫末；九层之台，起于累土；千里之行，始于足下。”一颗小小的种子，能够成长为参天大树，这是人所共见的事实。所以，看到种子就想到树，是一件很正常的事情。同样地，领导看到你一个人迟到，就想到其他人会有样学样，跟着你一起迟到，也是一件顺理成章的事情。

英国自古流传着一首著名的民谣：“少了一枚铁钉，掉了一只马掌；掉了一只马掌，丢了一匹战马；丢了一匹战马，败了一场战役；败了一场战役，丢了一个国家。”

这是发生在英国国王查理三世身上的真实故事。1845年，查理三世准备与背叛他的里奇蒙德伯爵决一死战，他让马夫找个铁匠给自己的战马钉上马掌。当铁匠钉到第四只马掌时，差一枚钉子，铁匠便偷偷敷衍了事。在战场上查理三世和对方激烈厮杀时，这只马掌忽然掉了。于是，国王被战马掀翻在地，成了敌军的俘虏，王国也随之易主。

“一只南美洲亚马孙河流域热带雨林中的蝴蝶，偶尔扇动几下翅膀，可以在两周以后引起美国得克萨斯州的一场龙卷风。”正是因为这种“蝴蝶效应”的客观存在，所以当对方使用“滑坡谬误”来增强自己观点的说服力时，我们会觉得尽管其逻辑有问题，但其“道理”没有问题。见微知著、以小见大，是大家普遍能接受的一种“道理”。

但我要告诉你的是，这套说辞其实一点儿都不客观，完全没有道理。事实上，自然界中植物种子的传播和成长都是极为不易的，成长为参天大树的种子，不啻中了彩票的头等奖，是一个小概率事件。所以，绝大多数种子，都没有成长为“合抱之木”；绝大多数第一锹土，都没有形成“九层之台”；绝大多数迈出的第一步，都没有达成“千里之行”。这才是真实的世界，这才是客观的表达。

见微知著、以小见大的所谓道理，其实是在用客观的“偶然性”，主观臆断出“必然性”。这最多只能算是一种大胆的猜测，远不能作为行动的指南，更不能拿来作为奖惩的证据。如果每一只蝴蝶扇动翅膀，都能在地球的另一侧引起一场风暴，人类已经不知道被毁灭多少次了。

所以，“滑坡谬误”的一个危害性就是它以陈述事实方式，扭曲和夸大了事实，让我们在不经意间背离了事实真相，从而为一些过激的行为，提供了听上去很有道理的证据。例如，我们会因为“迟到一分钟”这样很小的过错，受到“扣一个月工资”这样很大的处罚。而在领导的说辞下，大家都觉得这是“有道理的”。

第二个“滑坡谬误”听起来很有道理的原因，可能才是更为深层次的。那就是因为对方往往处在谈话的“优势方”，例如教育学生的老师、批判孩子的家长或责备下属的领导。若非我们身处劣势，对方又怎么会有机会发表这样“气势如虹”的长篇大论呢？

换言之，如果你是领导，上班迟到了一分钟，哪个下属敢这样滔滔不绝地大放厥词？即便个别员工有胆量批评自己的领导，恐怕当他刚刚抛出第一个观点：“如果都学你迟到一分钟，整个部门就要浪费一小时。”你就会立刻打断他：“你们为什么要学我迟到？你们难道不能学我每天加班吗？”于是，整个“滑坡”过程就被打断了。

因此，从某个角度说，“滑坡谬误”的流行折射了我们内心深处的不平等意识。它的另一个危害性，也就在于进一步放大了这种不平等意识。说一句夸张点的话，在“滑坡谬误”中成长起来的孩子和学生，或多或少都带着一些“奴性”，工作之后难免沦为任老板欺负的“上班狗”。而那些利用“滑坡谬误”实现了“口嗨”，沾沾自喜的领导们，最终也会发现，他这套欺负人的逻辑，表面上看起来树立了威信，实则会导致众叛亲离，可谓是搬起石头砸自己的脚。

诺贝尔文学奖获得者、著名作家萧伯纳一次到苏联访问，在街头遇见一位聪明伶俐的小姑娘，就和她一起玩耍。离别时，他对小姑娘说：“回去告诉你妈妈，今天和你玩的是世界著名的萧伯纳。”不料，那位小姑娘竟学着萧伯纳的语气说：“你回去也告诉你妈妈，今天和你玩的是苏联小姑娘卡嘉。”这件事带给萧伯纳很大的震动，他感慨地说：“一个人无论有多大的成就，他在人格上和任何人都是平等的。”

避免“滑坡谬误”的最佳方案就是无论面对什么样的人，都始终保持人格上的平等，既要有笑傲王侯的风骨，也要有宽待小人的雅量。在平等的眼光下，这一连串的逻辑谬误并不难发现；在平等的心态下，这一连串的荒诞之言也根本不会说出口。只有在彼此平等的前提下，客观事实才能被尊重，公正才能被体现。

如果你真的遇到有人试图利用“滑坡谬误”镇住你，你应该像那位苏联小姑娘面对萧伯纳那样，在他提出第一个错误观点时，就及时点醒他。制止住了第一块松动的石头，后续的滑坡自然也不会发生了。

如果你遇到无法打断对方发言的情况，也不能被其“排山倒海”般的气势吓倒。只要通过逆向思维，就可以轻松证明他的言论的荒谬性。如果少了一枚钉子，就能毁灭一个帝国，那么岂不是相当于在说，多了一枚钉子，就能拯救一个帝国？

案例：某位动物保护主义者反对使用动物做科学实验，提出“如果现在允许用小白鼠做实验，将来就会允许用活人做实验”。你如何评价这样的观点？

这位动物保护主义者的思路大概是这样的：一旦允许使用小白鼠做实验，就会允许使用兔子做实验；允许使用兔子做实验，就会允许使用猴子做实验；允许使用猴子做实验，就会允许使用活人做实验。所以应该防微杜渐，禁止科学家使用任何活体动物做实验。

这种想法尽管听起来颇有道理，但其实也是典型的“滑坡谬误”。按照这个逻辑来说，现在允许大家吃牛肉，将来岂不就会允许吃人肉了？我想，再激进的动物保护主义者也不会认为：允许吃肉，会导致产生一个“人吃人”的社会吧？

03 先有鸡，还是先有蛋？

很多人都会被小孩子喜欢问的一个问题所难倒：“先有鸡，还是先有蛋？”因为如果你回答先有鸡，小孩子就会反问你：“鸡难道不是从鸡蛋里孵出来的吗？”而如果你回答先有蛋，小孩子又会反问你：“鸡蛋难道不是鸡下的吗？”

其实，并不是你的智商不如一个小孩子，而是因为这个小孩子爱问的问题，是一个“有问题”的问题，它存在着循环论证的逻辑错误。也就是说，在提这个问题的小孩子的思维中，鸡是用蛋来定义的，蛋又是用鸡来定义的。它们彼此之间可以不断循环，互相定义和论证自己，完全不用依赖其他外部条件和客观事实来支撑。所以，明明是发问的小孩子犯了逻辑错误，结果反而是回答的成年人陷入了尴尬的窘境。

在逻辑学中，一个判断（或陈述）想要表达的实际概念被称为命题。有效的论证，是用证据来证明命题。而所有的循环论证都必须在论证过程中，假设其命题已经成立。因为其用有待判定真伪的命题作为证据，来证明这个命题自身的真假，所以，“循环论证谬误”又被称为“乞题谬误”。这种谬误是一种论据与论点浑然一体的诡辩方式。在没有发现其他证据之前，既非证实，也非证伪，因而有可能会产生逻辑上的“悖论”。

从前有一个岛国，岛上立着两尊神像，其中一座被称为“真理之神”，另一座被称为“谬误之神”。这个岛国有一令人骇怪的野蛮习俗，凡是漂泊到岛上来的旅行者都要被作为祭品处死，但是在被杀之前允许说一句话，然后由岛上的法官来判断这句话是真的还是假的。如果旅行者说了真话，就被拉到“真理之神”面前处死；如果说了假话，则在“谬误之神”面前被处死，反正难逃一死。

有一天，一位哲人漂流到岛上。他听了这条规定，深思熟虑后说了一句话。卫兵把他拉到“谬误之神”面前，法官摇摇头，无法判别这句话是真还是假；卫兵又把哲人拉到“真理之神”面前，法官还是摇摇头，拉来拉去，总是无法杀掉他，最后只好把他放走了。

原来，哲人所说的这句话是：“我必定要死在‘谬误之神’面前。”在法官看来，如果判定哲人的话为真话，则要在“真理之神”面前处死。而一旦他死在“真理之神”面前，那“我必定要死在‘谬误之神’面前”又成了假话。哲人的话既然是假话，又应该在“谬误之神”面前处死。所以，可怜的法官陷入了一个无法得出判断的死循环中。

若是以前读到这则故事，你可能会感叹这个哲人的聪明才智，但是如果你真正掌握了什么是“乞题谬误”，你就会意识到其实岛上的法官缺乏逻辑思维。

一个命题，要么是真的，要么是假的，并不存在非真非假的中间状态，这在逻辑学上被称为“排中律”。所以，哲人的这句话非真即假，是可以得出判断的。

第一种判断的方法是，根据岛国野蛮习俗的规定，将哲人的话在逻辑上等价为：“我的这句话一定是假话。”很显然，这是一个自己在论证自己真伪的命题，是在逻辑上没有意义的虚假论证，是一个不折不扣的“乞题谬误”。所以，法官应该判处他死于“谬误之神”面前。

为了更清楚地说明法官应该做出这样的判断，我们也可以换一个论证的方式。“我必定要死在‘谬误之神’面前”这句话，需要使用一个在未来发生的理由作为论据。也就是说，死在“谬误之神”面前这件事是在哲人说话的未来发生的，其真实性是未加证明的，也是在当时不可能被证明的。所以，在哲人说这句话时，这句话在逻辑上而言仍然是假话。

用逻辑学的专业术语来说，凡是用了真实性未加证明的论据来证明论题的，叫作预期理由；如果这种未加证明的论据本身还需要论题加以证明的话，那就是循环论证了。因此，我们可以把循环论证看作预期理由的一种特殊表现形式，是一种“实质”上的谬误。

当然，日常生活中的“乞题谬误”并没有这么“烧脑”，它更多地表现为一种较为简单的方式：先用A来论证B，在A遇到质疑后，又用B反过来论证A。例如，有人说：“因为我一定会成功，所以我是自信的。”当你质疑他凭什么说自己一定会成功的时候，他又继续诡辩：“因为我是自信的，所以一定会成功。”

如果这样的循环论证直接出现在两个人的谈话中，你会明显感觉到对方是在强词夺理。然而，当对话的语境较为复杂，或者是它出现在长篇大论中，你很有可能完全感觉不到有任何异样，在不经意间把一些荒谬绝伦的观点奉为圭臬。当你在阅读某一部所谓的“成功学”著作，反复地看到“因为成功，所以自信”的案例之后，隔了几页后又读到了“因为自信，所以成功”的论点，这时你完全可能莫名其妙地就信以为真了。尽管这样“打鸡血”式的口号从表面上看十分励志，你也应该意识到这只不过是一个彻头彻尾的逻辑谬误。

“乞题谬误”的最大危害就是制造出我们头脑中的“死循环”，在两个事物之间建立起牢不可破的因果关系，以至于把这个观念变成一种“虔诚的信仰”。如果这种“信仰”本身是良性的或是中性的，那也就罢了，可如果它是恶性的，这种错误的观念就会变得极其难以去除，就像不少陷入传销的人员常常难以自拔。

要从根本上避免犯这种错误，就要学会避免“积极”思考，当然，也不要“消极”思考，而是应该进行理性的、客观的思考。让我们来一起尝试分析日常工作、生活中可能会遇到的两个案例。

案例1：有人向你推销一款理财产品，你对他说：“如果不能保证稳健的收益，我是不会投资的。”而他回应了一句在投资行业很流行的话：“你不理财，财不理你！”你怎么评价这句话呢？

很显然，这是一种“乞题谬误”的诡辩。他相当于在说：“你如果不投资，就不能得到稳健的收益。”这句话与你自己的话组合在一起，恰好构成了一个循环论证。如果你坠入了他的逻辑陷阱，开始“积极”地思考问题，就会把“投资”与“收益”之间建立起牢固的因果关系，建立起一种错误的投资“信仰”。

而事实上，“收益”仅仅是一个预期理由，是一个真实性未加证明的论据。以此作为决策的依据，显然是不理智的。所以，你应该毫不客气地驳斥他的话，请他拿出客观证据来论证他所说的“收益”，而不是试图用“乞题谬误”对你进行“洗脑”。

案例2：饭桌上有人以增进交情的名义向你劝酒，你认为朋友的交情并不体现在喝酒上，他却说：“不喝酒能算朋友吗？”你既不想喝酒，又不想让他下不了台，应该如何回应他呢？

这其实也是一个典型的“乞题谬误”。你相当于提了一个问题：“凭什么说朋友就一定要一起喝酒？”而对方的回答则相当于在说：“因为一起喝酒才算是朋友。”这就构成了一个循环论证。也就是说在对方的思维中，“成为朋友”和“一起喝酒”之间已经画上了等号，这种观点已经成为他的一种信念。如果你继续问他：“凭什么说一起喝酒才是朋友？”他则很可能会回答你：“因为朋友当然要一起喝酒。”于是，你们两个人就陷入了永无休止的、没有意义的辩论中。

所以，你正确的做法是用开玩笑的方式让他意识到自己所犯的逻辑谬误，不妨对他说：“好的，你能回答我一个简单的问题，我就陪你喝酒。问题是‘先有鸡还是先有蛋？’。”如果他具备理性思维，他也许会要求：“你应该明确地定义什么是‘鸡’，并且不应该用‘蛋’来定义‘鸡’。”那么，你也可以委婉地提醒他：“你也应该明确地定义什么是‘朋友’，并且不应该用‘喝酒’来定义‘朋友’。”

04 电视上的专家说的难道还有错？

“金鸡百花电影奖没有她的一席之地真是巨大损失！”

在网友中流传甚广的这句玩笑话，评价的可不是某一位著名演员，而是一位名为刘洪斌的医疗“专家”。这位容貌端庄、气质高雅的老太太，在2014年至2017年活跃在多家地方卫视的各类养生节目中，以“苗医传人”“北大专家”“养生保健专家”“御医世家传人兼风湿病专家”“祖传老中医”“蒙医第五代传人”等不同名号出现，先后推销过9种不同的药品和保健品。

刘洪斌以医疗权威身份“打包票”解决的疾病，包含咳嗽、糖尿病、痛风、活骨、祛斑、心脑血管疾病、失眠等。尽管她的说辞漏洞百出，经不起推敲，但不少观众认为：“电视上的专家说的难道还有错？”纷纷上当受骗，高价购买了她推销的各类商品。

人们这种迷信专家的思维方式，在逻辑上被称为“诉诸权威谬误”。人们常常会认为权威人士的观点总比自己的更加正确，听从权威人士的意见应该不会错。但实际上，哪怕是上帝说上帝是存在的，上帝也是不存在的。一个观点正确与否，仅仅取决于它是否“真实”，而与谁提出了这个观点毫无关系。

对于“唯权威是从”的人来说，不仅像刘洪斌这样的假专家会让他们蒙受损失，真的专家一样有可能让他们吃亏上当，而且损失可能更大。

反映2008年金融危机的奥斯卡获奖影片《大空头》中，有这样一段令人印象深刻的情节，摩根士坦利的一位基金经理马克获悉，全美次级抵押贷款拖欠屡破新高，但由这些次级贷款组成的债券反而升值了。于是，他跑去质询信用评级机构标准普尔的专家，为什么仍然给次级贷债券AAA最高评级。标准普尔的专家被他追问到无言以对，只好实话实说：“如果我不给AAA，客户就会跑到隔壁的穆迪评级机构那里去。”

如果卖雨伞的人告诉你马上就会下雨，你必须买他的伞，你会相信他的鬼话吗？可是，当信用评级机构为次级贷债券给出推荐购买的AAA评级时，几乎没有人表示怀疑。卖伞的人希望永远都在下雨，卖房子的人希望房价永远上涨，而金融行业的人则希望他们的产品永远都是AAA级别的。当关系到自己的切身利益时，真的专家也可能会“睁着眼说瞎话”。

但是请记住：“真相，而非权威，才是历史最终的仲裁者。”尽管时任美联储主席的本·伯南克坚称：“在美国的历史上，房价从来没有出现过下跌，未来也不会。”尽管时任财长的亨利·保尔森信誓旦旦地保证：“美国的财政机构是强健的。”尽管华尔街的诸多权威人士都曾为次级贷债券“站台”。但是最终，美国楼市还是崩盘了，那些被权威机构评为AAA的次级贷债券变成了不值一文的垃圾。这场危机造成的经济损失分摊到每个美国老百姓头上高达9万美元，100多万昔日的中产阶级精英因此变成了无家可归的流浪汉。

再进一步而言，即使是真权威讲的真话，也未必就是正确的。“智者千虑，必有一失”，这意味着只要权威被盲从，迟早有一天会造成巨大的危害。再高明的医生也难免会出现误诊，再资深的飞行员也难免会操作失误，再公正的法官也难免会出现误判，再高效的政府也难免会出现决策不及时。从某种角度而言，人类历史上的所有重大社会性灾难，无论是侵略战争还是种族战役，无论是金融危机还是世纪骗局，都是因为民众盲从权威的错误而造成的，也都是“诉诸权威谬误”的后果。

在这些灾难性的事件中，难道没有人发现权威们所犯的错误吗？我相信肯定是有的，而且不止一两个人，但最终他们绝大多数都选择了“服从”。哪怕权威们的话再没有道理，他们也不去反驳。为什么我们这么容易盲从权威？也许真的像李·戈德曼在《反本能生存学》中所描绘的那样，对权威的恐惧深深植入我们的基因里，服从是我们刻在骨子里的生存本能。

“从进化的角度看，恐惧和服从这些行为是有意义的。你的焦虑可以帮助你预见危险，而你的恐惧能帮助你避免危险。当面对一个不可战胜的侵略者或一个不可能赢的局面时，你可以通过变得顺从、悲伤，甚至暂时消沉来保护自己。如果先前的经历让你特别有压力，痛苦的记忆将会经常提醒你不要再陷入那种困境。”

试想一下，在数千年前你先祖的部落遭到了入侵，如果你的先祖选择了对抗权威，他就会被当场杀死，也就没有你的存在了。所以，现存的人类绝大多数都是“服从者”的后代，这种史前生存特性至今仍然在深刻地影响着当今社会。虽然我们每天都在为了生存乃至地位奋斗着，可一旦我们遭受到某种程度的失败，我们的大脑就会自动实施假想出来的避免被杀的防御策略。这曾经是我们幸存至今的理由，如今却演变成了流行的逻辑谬误，反而使我们不能作出正确抉择。

有趣的是，即便是权威自身也是恐惧权威的，因为他们自己也明白：“绝对的权力必然带来绝对的腐化。”所以，民主、分权往往跟随着权力的行为。然而，如果我们每个人仍然不能战胜自己的“服从”本能，走出“诉诸权威谬误”的阴影，那么，很遗憾，权力就会慢慢走向绝对化。

案例1：发生争论时，如果对方引用名人名言来佐证自己的观点，这样做是否提高了他的观点的可信度？你应该如何回应他呢？例如，你打算禁止自己7岁的孩子玩手机游戏，但你的爱人反对，并引用鲁迅的话说：“游戏是儿童最正当的行为。”

从逻辑上而言，任何名人名言的引用都无法提高观点的可信度，这是一种“诉诸权威谬误”。使用名人名言来加强自己观点的可信度，更多的只是一种修辞手法，你之所以觉得对方的话变得更有说服力，只不过是因为服从权威的本能在作怪而已。

你可以反问你的爱人："你是否认为鲁迅所有的话都是正确的？"如果她回答："不是。"服从权威的心理暗示就被打破了，你就有效削弱了她引用名人名言产生的说服力。而如果她回答："是。"你可以列举出鲁迅所讲过的一句错话，甚至杜撰一句明显荒谬的话。例如，半开玩笑地告诉他，鲁迅曾说过："网上95%的名人名言都是瞎掰的。"然后追问对方是否仍然认同鲁迅的话都是正确的。这会让对方意识到，盲目崇拜名人本身就是一种不合逻辑的行为。

案例2：你突然接到一个电话，对方声称自己是警察，发现你的银行卡被用于洗钱犯罪，要求你配合调查，你觉得对方可信吗？

我估计几乎每个人都曾接到过类似的诈骗电话，在伪装的"权威人物"手中上当受骗的人也不在少数。由于电信诈骗的团伙大都躲在国外，我国警方破案的难度极大，这一类诈骗案件仍然时有发生。只有你摆脱了"诉诸权威谬误"的逻辑陷阱，你才能永久性地免疫这一类骗局。

拆穿对方谎言的办法其实很简单，那就是坚持以客观事实为依据，你只需要打电话给银行卡的发卡行，就能立刻判定真伪。

05 百发百中的秘密

两百年前的美国得克萨斯州，随处可见大片的草原荒地。由于地广人稀、盗匪横生，当地人人都随身携带枪支，一言不合就拔枪相向的事情时有发生。

有一次，两个相邻牧场的西部牛仔杰克和约翰发生了争执，他们约定第二天正午在牧场交界处用枪进行决斗。没想到第二天一早，约翰就被枪声惊醒了，他连忙起床，发现杰克正在自己的牧场练习射击。只见杰克气定神闲地向牧场交界处附近的几棵大树连发数枪，然后就转身离开了。约翰走到这几棵大树附近，看见树上高高低低地画了十个靶子，而每个靶子的红心上都镶嵌着一枚子弹。这下子约翰吓坏了，赶紧去向杰克赔礼道歉，主动取消了决斗，从此杰克“得克萨斯神枪手”的大名不胫而走。

有趣的是，逻辑学中也存在着一种“得克萨斯神枪手谬误”，这么“酷炫”的称号怎么会被用来命名一种谬误呢？原来，约翰上了杰克的当，大树上的子弹都是杰克很多个月之前练习射击时打上去的，而树上的靶子则是决斗前一天晚上才偷偷画上去的。杰克在决斗当天早上故意在约翰面前空放了几枪“表演”，就是为了恐吓约翰。

符合逻辑的论证，是以客观的论据作为靶子的，然后调整自己主观的论点，力图使之命中靶心。而出现了“得克萨斯神枪手谬误”的人，犹如杰克这样颇有娱乐精神，以自己主观的论点为靶子，然后再把它“画”到预先挑选出的客观事实上去，这样他们就可以在大众面前指点江山，激扬文字，骗取掌声与赞美。

坦白地说，我高考时的语文作文就是这么写出来的。先是匆匆忙忙地“拍脑袋”想出一个论点，然后再找出与这个观点相符合的名言、成语和奇闻轶事等素材，一一罗列上去，就大功告成了。至于与之相悖的事实，我是绝对不会把它写进我的高考试卷的，而且我打赌你也不会这样做。

事实上，不仅我们自己的作文是这样写出来的，很多自媒体上阅读量十万以上的文章也是这样写出来的，甚至不少红极一时的畅销书都是这样写出来的。

美国《连线》杂志的主编克里斯·安德森所著的《长尾理论》，在2004年的亚马逊畅销书榜上名列经管类第一名，获得了谷歌前CEO施密特和雅虎创始人杨致远的隆重推荐。

《长尾理论》的主要观点是，随着互联网时代的到来，成本和效率的因素发生着变化，当商品储存、流通、展示的场地和渠道足够宽广，商品生产成本急剧下降，以至于个人都可以进行生产，并且商品的销售成本急剧降低时，几乎任何以前看似需求极低的产品，只要有卖，都会有人买。这些需求和销量不高的产品所占据的共同市场份额，可以和主流产品的市场份额相当，甚至更大。

人们一开始对这种观点颇有异议，因为其彻底颠覆了传统的20/80法则。这一法则是19世纪末20世纪初意大利经济学家帕累托在对大量具体的事实统计后发现的。他认为，在任何一组东西中，最重要的头部只占其中一小部分，约20%，其余80%的尾部尽管是多数，却是次要的，因此又称“二八定律”。

但是，安德森系统地研究了亚马逊、狂想曲公司、Blog、Google、eBay、Netflix等互联网零售商的销售数据，并与沃尔玛等传统零售商的销售数据进行了对比，在《长尾理论》这本书中给出了两个与客观事实相符合的论据。第一，尾部商品在互联网上获得了更多的销售机会，也就说尾部变长了。例如，数字音乐点唱平台eCast上的100万首音乐曲目中的每一首至少在一个季度内被点播过一次，而在传统的影像制品渠道中，这些歌曲中有近半是根本无人问津的。第二，相对于头部商品，有更多的尾部商品在互联网上“逆袭”成为大热门。例如，1988年英国登山家乔·辛普森的半自传体著作《触及颠覆》原来已经被大众遗忘，但在2004年年初却突然在亚马逊上热销，连续14周登上《纽约时报》畅销书排行榜。这在传统书店里也是不可能发生的事情。

于是，人们逐渐开始相信，互联网的发展将颠覆“二八定律”，更适用所谓的长尾理论。此后，《长尾理论》又畅销了十多年，被无数互联网从业者奉为“圣经”。然而，最近安德森自己突然宣布，《长尾理论》是错误的，因为逻辑上出现了谬误，他自己也从这样的商业逻辑中走了出来，开始了新的商业征程。

如果我们仔细分析一下《长尾理论》的两个主要论据，就会发现这其实就是一个典型的“得克萨斯神枪手谬误”。一方面，在互联网的推动下，尾部确实变得更长了，不少尾部商品的销量从0变成了1，从1变成了2；但在同时，头部其实变得更高了，一些头部商品的销量从1万变成了10万，从10万变成了100万。另一方面，由于尾部商品的总数是头部商品的四倍，它发生“突变”的概率本身就应该远远高于头部商品，涌现出更多爆冷商品是再正常不过的事情了。

简单地说，安德森把他的“靶子”画在了尾部商品上，从而让大众产生了《长尾理论》百发百中的错觉。但事实上，在互联网日趋成熟的今天，大家都可以看到，“二八定律”依然成立，20%的头部商品依然占据着80%的销量，创造着80%的利润。

但是，请不要嘲笑安德森犯下了愚蠢的错误，因为这相当于是在嘲笑我们自己。在日常的工作和生活中，几乎每个人都会出现同样的谬误，人人都是“神枪手”。有一个听上去很符合统计规律的笑话说：冲水马桶的发明导致了现代社会离婚率的激增。丈夫会认为马桶用完后盖子应该立起来，他的论据就是下次自己用的时候会比较方便；而妻子则认为马桶用完后盖子应该放下去，她的论据同样是下次自己用的时候会比较方便。他们的“靶子”似乎都永远画在自己使用马桶的时刻，而刻意去忽略了这样一个事实，那就是对方也在使用同一个马桶。

老师会把学生成绩的提高归功于自己出色的教学能力，而学生则认为这是出于自己的勤奋；老板会认为企业的高速成长得益于自己的战略眼光，员工们则认为这得益于大家的付出；胜利者认为胜利意味着实力更强，失败者认为失败代表着运气欠佳；心情好时你感觉全世界都在对你微笑，心情不好时你认为全宇宙都在与你为敌。

事实上，人们普遍会倾向于寻找能支持自己观点的证据，对支持自己观点的信息更加关注，或者把已有的信息套用在能支持自己观点的方向上。但正如英国博物学家赫胥黎所说的那样："事实不会因为忽视而消失。"无视那些与自己观点相悖的客观现实，很有可能造成严重的后果。

1999年4月20日，美国科罗拉多州杰弗逊郡科伦拜中学的两名青少年学生——埃里克·哈里斯和迪伦·克莱伯德配备枪械和爆炸物进入校园，他们二人在哈里斯的停车处旁集合，取出装在行李袋和背包里的两把霰弹枪、一把9毫米半自动卡宾枪、一把9毫米自动手枪。在校园的自助食堂和图书馆内，他们疯狂枪杀了12名学生和1名教师，造成其他25人受伤，随后，两人开枪自杀身亡。这是美国历史上最早的一起大规模血腥校园枪击案，引起了有关美国枪械政策的广泛争论。不少美国人认为政府应该像推出禁烟措施那样，推出强有力的控枪法案来减少枪械的销售。

而作为美国控枪大辩论中的反方代表，美国全国步枪协会则提出，枪支和犯罪并没有直接的关联，政府不应矫枉过正。这个拥有一百多年历史、500万会员的政治游说团体认为，枪支是用来自卫的，应当加强对人们的教育，而不是通过管制枪支来解决问题。他们指出，不少制造枪击事件的枪手都是顺利通过背景调查并合法购买到他们所使用的枪支的。由此，该协会喊出了“枪不杀人，人才杀人”的口号。

如果我们对美国全国步枪协会的论据仔细剖析一番，不难发现他们不愧是“得克萨斯神枪手”的“正宗传人”。他们把“靶子”画在枪支用来自卫的功能上，却刻意忽略了科伦拜中学枪击案中13位师生并不是被自卫之枪所杀死的事实；他们把“靶子”画在持枪人应该接受良好的教育上，却刻意忽略了这种用枪的教育恰恰是他们这些卖枪人的责任；他们把“靶子”画在不少凶手都是合法购枪者上，却刻意忽略了科伦拜中学枪击案中的两名枪手都是没有合法购枪资格的未成年人；他们把“靶子”画在杀人的人身上，却刻意忽略了杀人的枪。

在这些“神枪手”的阻挠下，美国始终没有通过足够严格的控枪法案。自2007年开始，美国枪击案爆发频率越来越高，造成大规模人员伤亡的枪支暴力事件时有发生。如今，整个美国的民众总共拥有约2.65亿支枪，每位成年人都有超过1支枪，平均每10天有9天会发生枪击案。美国枪支暴力档案室网站发布的数据显示，仅仅

2018年全年，美国就总共发生了涉枪案件5万多件，导致了近15000人死亡、近3万人受伤，其中甚至包括了3000多个未成年人。

我们虽然没有能力挽救这些“神枪手”枪下屈死的冤魂，但至少应该努力纠正自己身上发生的“得克萨斯神枪手谬误”，避免固执己见，在错误的道路上越走越远。

投资大师沃伦·巴菲特显然对此有深刻的认知，他曾经说过，“人类最擅长过滤与自己观点相悖的新信息，从而使得现有的解释仍然成立”。巴菲特之所以这么成功，很有可能就是因为他了解“得克萨斯神枪手谬误”的危险，于是强迫自己进行了换位思考。

认知科学的研究表明，人类的大脑有一种奇特的功能，可以在30分钟内主动“忘记”能够反驳自己的证据。这种功能的好处是能帮助人类的情绪保持稳定，达到一种“心安之处即为家”的效果，而它的危害则是降低了我们的认知水平，导致我们不能做出最佳的决策。

为了避免发生这种“自我欺骗”式的知行合一，我们不妨借鉴一下达尔文的方法：一旦他发现自己的观察与自己的理论相矛盾，他就会特别认真地对待它们。他年轻时始终随身携带着一个笔记本，强迫自己随时记录下与自己的理论相矛盾的观察，而如今我们使用手机来记录显然更为便捷。

记得一首老歌里唱道：“我们都是神枪手，每一颗子弹消灭一个敌人。”可如果我们真的发现世界上的每一个客观事实都符合自己的论点，我们就要小心了，也许这只是因为我们犯了“得克萨斯神枪手谬误”。

遇到这种“枪枪命中靶心”的情况，你应该好好反思一下这个自以为绝对正确的观念，无论它是世界观、人生观，还是与投资、婚姻、健康、事业等相关的各种观念，一定要努力寻找能够反驳自己观念的证据。证明自己不是一个神枪手，这是一项令人讨厌的艰苦工作，但如果你足够聪明，你是不会躲避这项工作的。

案例1：某位瑞典科学家连续25年收集了高压供电线300米范围内所有住户的样本，对800种常见疾病一一检查发生率的统计差异，终于发现其白血病的发病率是一般人的4倍，这是否证明高压供电线是白血病的诱因？

这是一个历史上真实发生的案例，瑞典政府甚至根据这一研究成果立法，禁止在高压供电线300米内建设住宅楼。但后来的研究和调查发现，高压供电线和白血病高发之间毫无因果关系，瑞典政府摆了一个“乌龙”。

这位瑞典科学家首先认定了高压供电线会对人体健康造成危害，再努力去统计数据中寻找有利的证据，也是一个逻辑上的“得克萨斯神枪手谬误”。所以，他仅仅注意到了白血病这种疾病发病率变高的数据，完全忽略了其他799种疾病的数据。然而对任何一个区域内的居民而言，这么多种疾病的统计数据不可能与平均数据都一致，有高有低很正常，其中个别疾病高出4倍也很正常，说明不了什么问题，不足以作为逻辑上的有效论据。

诺贝尔经济学奖得主罗纳德·哈里·科斯曾经一针见血地说道："只要拷问的对象的数量足够大、时间足够长，他们迟早会屈打成招。"如果你抱有先入为主的想法，就会倾向于在大量数据中选择出那些"屈打成招"的数据，我们一定要注意避免这样的错误。

案例2：如果你在今日头条App的推荐栏目中经常看到福布斯排行榜上的一些超级富豪猝死、破产，甚至锒铛入狱的消息，这是否证明超级富豪更容易遭遇不幸？

今日头条App是基于人工智能技术进行个性化推荐的，你偏好哪一类信息，它就会推荐给你哪一类信息。如果每一次你看到超级富豪猝死、破产，甚至锒铛入狱的消息，就点击进入观看，然后点赞、评论，人工智能的算法就会主动向你推荐类似的新闻报道。所以，这只能证明你更喜欢看到超级富豪遭遇不幸的信息，并不能证明客观事实就是如此。

人工智能技术不但越来越多地被用于推荐信息，也广泛地被京东、阿里巴巴与拼多多等电子商务公司用于推荐购买商品。由于人工智能技术会"猜你喜欢"，揣摩你的心思，它其实对"得克萨斯神枪手谬误"起到了放大的作用，容易使我们对自己的观念越来越固执、思想越来越偏激、认知越来越片面。所以，对于当代人来说，要格外警惕这种危险。

06 只有偏执狂才能生存？

近年来，人工智能技术快速发展，受到了社会的广泛关注。但也有不少学者始终认为，人工智能只不过是一种华而不实的“无用”技术。

其中最为人所熟悉的就是美国加利福尼亚大学哲学教授休伯特·德雷福斯，他在1972年出版的一本畅销书《计算机不能做什么：人工智能的极限》中，将人工智能技术比喻成忽悠大众的现代“炼金术”，并预言人工智能的发展必将陷入停滞。他的核心论点是：计算机必须依据规则运算，而人类的行为不能被简单地看作是遵照一套规则行事的，所以计算机永远比不上人类。

当时，休伯特·德雷福斯提出的广为人知的论据之一，就是计算机在与人类的棋类对弈过程中，始终处于下风。他认为，这就是因为下棋不仅仅要遵循一套规则，更需要通观全局，甚至需要具备特殊的“棋感”。在1972年时，“机器下棋不如人”确实是不争的事实。当时已经有人开发出了会下国际象棋的计算机程序，但这个程序仅仅是会按照规则走棋而已，它“思考”一步棋需要耗费三小时以上，而且多半还是走出一步“臭棋”。

不过，随着时间的推移，计算机下棋的能力越来越强，在棋类游戏中AI的水平越来越高。1989年，卡内基梅隆大学的研究生团队开发出一台象棋计算机“深思”，并在一场常规赛中击败一位顶尖象棋选手。尽管当时的事实已经证明，计算机在棋类游戏上足以具备与人类相当的“智能”，但休伯特·德雷福斯仍然不肯承认自己的观点是错误的。1992年，他再版了《计算机不能做什么：人工智能的极限》一书，只是将书名改成了《计算机仍然不能做什么：人工理性批判》。在书中，休伯特·德雷福斯坚持认为“心灵高于机器”，人类不可能在“下棋”这件事上被计算机打败。他指出，世界排名第一的国际象棋选手卡斯帕罗夫同年又以2:0的成绩击败了“深思”。

但这本新书出版之后没几年时间，IBM开发的计算机程序“深蓝”就在正常限时的国际象棋比赛中，以2胜1负3平的成绩，击败了卡斯帕罗夫。二十年之后，人工智能程序“阿尔法狗”与围棋世界冠军、职业九段棋手李世石进行围棋人机大战，又以4:1的总比分获胜。到了这个时候，所有人都意识到休伯特·德雷福斯的观点是错误的，计算机的下棋能力完全能够超过人类，无论任何一种棋类游戏。

当休伯特·德雷福斯的观点被证明是错误的时候，他试图用特例来给自己开脱，但很可惜，这反而导致更严重的“打脸”。这种错误在逻辑上被称为“片面谬误”。尽管休伯特·德雷福斯自己认为：“人类的行为不能被简单地看作是遵照一套规则行事的。”但他在反对人工智能上明显“只遵照一套规则行事”，这个规则就是：“自己的观点永远都是正确的。”也许，正是因为他自己是简单地遵照一套规则行事的，才会误认为计算机也只能简单地遵照一套规则行事。

不过，我们完全没有资格嘲笑休伯特·德雷福斯的“偏执”。因为毫不夸张地说，我们每个人都犯过这种死都不肯认错的“片面谬误”。我们对待自己的观点，就像对待自己的孩子，容不得别人提出批评的意见。从我们把自己的观点说出口的那一刻起，我们就变成了一个“溺爱孩子的家长”。无论在别人眼中自己的孩子是多么顽劣不堪，在我们心目中他都是最完美的小孩。我们常常就像误认为自己的孩子格外出色那样，误认为自己的思考格外正确，而自己的观点也格外高明。

所以，当某个人表达了自己的观点之后，他就很难意识到自己的观点是错误的。尽管他其实是完全没有道理的一方，但他在以自我为中心的思考模式下，坚定地认为自己是对的。即便有客观事实与他的观点相悖，也只不过是特例而已。在这种状态下，他的观点就变成了他行为的规则。

事实上，大多数人在大多数时候往往会简单地遵照一套规则行事，这套规则就是他们自己所提出的观点。

只有真正有智慧的人才会认识到，自己往往会过于“溺爱”自己的观点，就像过于“溺爱”自己的孩子。而解决这一问题的最好策略，就是像古人“易子而教”那样，进行换位思考，以对方的角度来考察自己的观点，这样才能避免“片面谬误”。

当然，有时候恰恰相反，我们也需要坚持自己正确的观点。不少伟大的人物，都是在力排众议之后，才取得成功的。

安迪·葛洛夫是全球五百强企业英特尔公司的前任CEO，他因为参与英特尔公司的创建并主导了公司在1980年至2000年的成功发展，而在1998年当选《时代》周刊年度世界风云人物。他最出名的一本著作《只有偏执狂才能生存》，更是成为IT圈内盛极一时的文化现象。

安迪·葛洛夫恐怕是史上最严厉的老板，强硬而又固执，他的副手曾经评价他：“如果安迪·葛洛夫自己的母亲碍着他了，他也会把她解雇掉。”有一次，他甚至对一位女员工吼叫：“如果你是男的，我会打断你的腿。”1979年，葛洛夫出任公司总裁。1982年，经济形势恶化，公司发展趋缓，他推出了“125%的解决方案”，要求雇员必须发挥更高的效率，以战胜咄咄逼人的日本竞争对手。公司员工每天必须工作10小时，所有在上午8:10以后到公司的人都得在“迟到登记表”上签下大名。

“125%的解决方案”让英特尔成为名副其实的“血汗工厂”，几乎所有的人都反对安迪·葛洛夫过于严苛的举措，一些工程师甚至像日本武士一样在头上系布条来发泄不满。而葛洛夫的努力仍无法抵挡日本厂商的进攻。1984年，公司存储器业务衰退，生产出的产品像小山一样积压在仓库里：资金周转失灵，公司危机深重。但安迪·葛洛夫不为所动，坚持自己创立的目标式管理，支撑住了企业运营的轴心。

最终，在CPU业务逐渐成熟后，英特尔涅槃重生。到了1992年，英特尔成为世界上最大的半导体企业，而且与第二名的距离越拉越大，几乎垄断了当时的CPU市场。安迪·葛洛夫领导的英特尔逐渐成了整个IT产业的领导者，他自己也被视为IT行业的神话人物。

然而，再伟大的人物，也不能保证自己的观点每一次都是正确的！

偏执一生的安迪·葛洛夫最终还是倒在了自己的偏执上。作为摩尔定律的忠实执行者，安迪·葛洛夫一直拒绝听从其他同僚的建议，否认低端市场的重要性。他认为既然半导体产品更新换代如此之快，抓住最新产品的高端市场才是唯一重要的事情。

1997年，奔腾CPU的推出让英特尔达到了辉煌的顶点。但随着计算机逐渐开始联网，用户对单机CPU芯片的要求开始下滑，专注于低端市场的AMD等公司获得了更多的成长机会。1998年，英特尔公司交出了惨不忍睹的第一季度业绩，让众人大跌眼镜。同年5月，安迪·葛洛夫被迫急流勇退，辞去了英特尔公司CEO的职务。

坚持自己正确的观点，之所以能够帮助我们取得成功，并不是因为我们坚持了自己的观点，而是因为我们坚持了正确的观点！

古人云："智者千虑，必有一失。"即使我们真的都是聪明人，也难免会有判断错误的时候，更何况我们并没有自己想象中的那么聪明。固执己见的人迟早会栽跟头，真正的聪明人则不会拒绝承认别人的聪明，而且也听得进别人的正确意见。

案例：你的朋友喜欢音乐，经常参加各类选秀节目，但往往在早期就被淘汰，还因此耽误了工作，导致失业。他认为："这是因为没人发现自己的才华，只要自己像很多歌星那样坚持下去，就一定能获得成功。"你应该如何给他提出中肯的建议？

你的朋友也许只是因为过高地评价了自己的音乐才华，所以才导致自己屡战屡败。但如果你直接向他指出来，他会找出无数理由来证明自己的观点是正确的，结果反而让他陷入更深的"片面谬误"。

你不妨给他讲讲"经济沙皇"格林斯潘的故事，委婉地提醒他还有不同的人生道路可以选择。年轻的格林斯潘曾经痴迷于单簧管演奏，还参加过职业乐队，举行过全国巡演。但最终他选择了金融行业，并成为历史上任期最长的美联储主席。世界上少了一位出色的音乐家，却多了一位更出色的经济学家。对于世界和格林斯潘自己而言，这都是一件好事。

所以，你可以告诉你的朋友："不要让自己的音乐才华反而变成自己的囚笼，限制自身的发展。"

第四章
为什么听上去如同真理的话，竟然是错的

01 老鼠的儿子会打洞？

当你听说新来的同事是四川人时，你的脑海中可能会浮现出一个身材矮小、性格火暴、喜欢吃辣的形象。但当你真的见到这位新同事本人时，你可能会惊讶地看到一个身材高大、性格温和、喜欢吃甜食的人。

试图以某个事物的来源或出身为依据，断言和评价它，这种逻辑错误被称为“生成谬误”。由于基因是控制生物特性的遗传分子，确保下一代与上一代具备同样的物种特征，所以，这种谬误又被形象地称为“基因谬误”。

这种谬误的错误本质在于，把事物的来源和事物本身的性质混为一谈。但事实上，某个事物可能和它的来源具备完全不同的性质。基因不仅仅会导致遗传，同时会导致变异。如果每一代生物都与上一代生物完全一样，人类恐怕至今还长着浓密的体毛和长长的尾巴。

只不过，人类进化成如今这样“无毛无尾”的动物，是一个极其漫长的过程，可能耗费了数百万年。对于寿命只有数十年的人类来说，我们自己是无法直观地观察到这样的变化的。正因为如此，古人才会得出一个普遍的认知，那就是：“龙生龙，凤生凤，老鼠的儿子会打洞。”事实上，即便上古时代真的存在“龙”和“凤”这样的神奇生物，到如今恐怕也都进化成了更适应现代地球环境的蛇和鸡。而“老鼠的儿子会打洞”的说法更不符合逻辑，因为“打洞”是一种后天习得的技能，而非遗传特质。

1976年，英国皇家科学院院士、著名的生物学家理查德·道金斯出版了一本科普读物，名为《自私的基因》。他在书中提出：“人们生来是自私的！这是由我们的基因决定的！”

在该书中，道金斯将社会学说中的主要论题逐一做了详细介绍，如利他和利己行为的概念、遗传学上的自私的定义、亲族学说（包括亲子关系和群居昆虫的进化）、性比率学说、相互利他主义、欺骗行为和性差别的自然选择等。

同时，道金斯以生物学研究上的进展及自己的理解为基础，将生物进化的单元或层次确定于基因，并通过对伦理学语言的运用，说明基因的基本特性就是“自私”。道金斯认为，基因为达到生存目的会不择手段。比如，动物照料它的后代，从生物个体的角度来看，这也许是一种利他行为。但是基因控制着这种行为，它能通过动物照料后代的这种利他行为，完成自身的复制，从而使其自身得以生存。显然，所有在生物个体角度看来明显是利他行为的例子，均是基因“自私”的结果。

基因唯一感兴趣的就是不断重复地拷贝自身，以便在进化过程中争取到最大程度的生存和扩张。由于基因掌握着生物的“遗传密码”，所以一切生命的繁殖演化和进化的关键最终都归结于基因的“自私”。

《自私的基因》出版后非常畅销，在国际媒体之间引起了轰动，道金斯本人也被评选为在世的全球100名最有影响力的公共知识分子之一。随着1998年这本书在中国出版，书中的观点也逐渐在国内流行起来。当代不少中国人也喜欢援引道金斯书中的观点，为自己的自私行为做辩护，把过错推诿到基因身上。

然而，从逻辑上看，这种观点只不过是一个典型的“基因谬误”。

人类诚然是由低等生物进化而来的，在基因层面有着遗传上的一脉相承。但仅仅从低等生物的基因具备所谓的“自私”特征，就断定人类的基因同样具备“自私”的特征，显然是不符合逻辑的。按照道金斯的推理，既然低等生物是由无机物质经过复杂的生化反应转变而来的，那么，低等生物是不是应该像无机物质那样“无私”呢？一切生命都孕育于天地，为什么生命不像天地那样“无私”呢？可见，我们的起源并不决定我们现在的属性！

退一万步讲，即便我们的基因和低等生物同样都是“自私”的，也不代表我们的行为就必然是自私的。我们与黑猩猩的基因有超过99%是完全相同的，难道这就意味着我们的行为也有超过99%是与黑猩猩完全相同的吗？

人类是地球上唯一具备真正的智慧的生物，我们有能力通过理性的思考来决定自己的行为，而不会简单地屈从于直觉和本能。研究我们的起源和出身，有助于了解我们自身，但并不意味着，这些将决定我们自身。事实上，人类之所以是地球上最为高级、最为特殊的物种，恰恰是因为我们能够不断地超越自己的起源和出身。所以，与其说“自私”是人类的基因，不如说自我超越才是人类的基因！

当然，“基因谬误”中所提到的基因仅仅是一种比喻，它并不仅限于讨论生物现象，所谓的基因也可以指代任何一种来源，如就读的学校、出生的区域、所属的企业，甚至是历史年代。只要是你完全依靠事物或观点的来源评价事物与观点本身，你就犯了“基因谬误”。

案例1：你的爱人花钱大手大脚，认为“节俭”这样的观念诞生于物资匮乏的年代，已经不适合当代社会了。你应该如何评价和回应他的观点呢？

以某一个观点“陈旧”为理由来论证它是错误的，这就犯了“基因谬误”。即便是诞生于数千年之前的观点，到了当代仍然可能是正确的，甚至再过数千年仍然可能是正确的。观点既不是越陈旧越正确，也不是越新颖越正确。所以，你没有必要就这个观点是否陈旧与他展开辩论。

你不妨客观地告诉他，既然家里的总体收入是固定的，在某一方面花钱多了，必然就要在其他方面节俭。所以，想要花钱就必须节俭。如果他不希望“节俭”，唯一的办法就是：不要大手大脚地花钱。

案例2：你的男朋友来自一个小贩家庭。你父母反对你和男友结婚，他们认为“龙生龙，凤生凤，老鼠的儿子会打洞”，小贩不会有出息。你应该如何评价和回应你父母的观点呢？

这显然也是一个“基因谬误”，因为某个人的父母具备某种特质，武断地认为这个人就必然具备同样的特质。

在古时候，有些人可能终其一生都不会离开自己的原生家庭，而在工作方面也常常会子承父业，务农的人往往世代务农，行医的人往往世代行医。所以那时候有一种观点认为了解一个人的家庭出身，也就大致知道了他是一个什么样的人。

可到了现代社会，人口的流动性远远超过了从前，大多数人都不会从事自己父辈所做的工作，甚至很多人都不会一辈子只从事一种工作，再通过家庭出身评价一个人恐怕会失之毫厘，谬以千里。

所以，你不妨告诉你的父母，你的男友曾就读于一所不错的大学，目前在正规的企业工作，并没有他们所担心的问题。

02 爱一个人需要理由吗？

在周星驰主演的经典喜剧《大话西游》中有一段有趣的对白，发生在至尊宝使用月光宝盒穿梭时空救下了想要自杀的白晶晶之后。

至尊宝："刀下留人！原来是自杀的，你为什么要自杀呢？"

白晶晶："我先杀了你！"

至尊宝："英雄啊！你放过我吧！"

白晶晶："放过你？你给我一个不杀你的理由！"

至尊宝："正在想……你给我个杀我的理由先！"

白晶晶："好！你一声不响丢下我，还跟我师姐生下个儿子！"

至尊宝："你完全误会了……"

白晶晶："找死！"（挥剑欲砍）

至尊宝："不要啊英雄！我是回去跟你师姐拿解药救你的，谁知道晚了一步，回去已经找不到你了。"

白晶晶与至尊宝的争论涉及逻辑上的一个专业术语"举证责任"。举证的意思是拿出、出示证据，或者说拿出证据来证明某种事情、情况。通常在辩论的双方中，有一方是有责任进行举证的，如果他试图把这种责任推给对方，就犯了"举证责任倒置"的逻辑谬误。

很显然，举证是一件吃力不讨好的麻烦事。破坏总比建设容易，证伪总比证实容易。一个能工巧匠花费时日苦心制作的精美瓷器，一头驴子一秒钟就能毁坏；一套被大量实验和严谨推导所证实的科学理论，只要发现了一个反例就会被证明是错的。

如果不明确谁有责任来举证，辩论很可能陷入一个死循环。白晶晶坚持让至尊宝给出不杀他的理由，而至尊宝则同样坚持让白晶晶给出杀他的理由，这样的对白可以一直重复到天荒地老，永远争论不出一个结果。

为了解决这个难题，美国加利福尼亚州立大学的逻辑学教授布鲁克·诺埃尔·摩尔总结出了一套经验法则，来确定“举证责任”的分配问题。具体而言，有以下三类依据。

第一，最初的可信度。在大众听起来可信度较低的观点，举证的责任更大。

通常而言，一个人是不应该被无故杀死的，“至尊宝该杀”的可信度明显要更低，所以白晶晶其实犯了“举证责任倒置”的逻辑谬误，还好至尊宝的脑袋没有“秀逗”，终于想起来要反问白晶晶一句“给个杀我的理由先”。而如果白晶晶不率先举证的话，至尊宝可能直到见了如来佛祖都不知道自己是怎么死的。

在现实生活中，我们也有可能像白晶晶那样，受到了一些谣言或小概率事件的误导，把本来可信度较低的事情当成了可信度较高的事情。这种情况下，我们就会误以为举证的责任不在自己，并说出自以为很有道理而别人听起来却觉得莫名其妙的那句话："给我一个不杀你的理由！"

正如英国哲学家托马斯·霍布斯所言："超常的主张需要超常的证据。"虽然人之常情并不代表真理，但如果我们的想法与人之常情不一致，我们通常就需要提供更多的证据，并进行更严密的推理，因为这是我们的责任。

第二，肯定性的观点。其他条件相同时，对问题持肯定和确定态度的一方有责任进行举证。

如果我们试图对别人说明一个观点应该被肯定，我们相当于在人类智慧的海洋里新增一颗"知识"的水滴，我们有责任证明自己不是在鱼目混珠，把错误的信息掺杂进了共同认知的体系。而从某种角度而言，持有否定性观点的人，只不过是在保持原状而已。也就是说，肯定性观点发生谬误的危害远大于否定性观点，确定性观点发生谬误的危害远大于不确定性观点。所以，前者有举证的责任。

这一规则同样适用于某种事物是否"存在"的问题，因为证明某一事物"不存在"的难度非常大，有时几乎是不可能的。

如果你声称尼斯湖里有水怪，你只要拍一张照片或录一段视频就能证明这一点。但我如何证明尼斯湖里没有水怪呢？我需要对整个尼斯湖进行实时监控，确保任意地点的任意时刻都没有水怪出现才有可能证明。即便如此，你仍有可能狡辩，称水怪藏在监控之外的盲区内。所以，不要问这样奇怪的问题："你怎么知道尼斯湖里没有水怪呢？”或“谁能证明世界上没有鬼神存在呢？”

同样地，如果有人声称他的爱人有外遇，他只要证明他的爱人与某一位异性有染就可以了。但他的爱人想要证明自己没有外遇，必须证明自己与所有认识的异性都只是正常的往来。而即使证明了这一点，他也可以说，还有他不知道的异性存在。所以，也不要问这样奇怪的问题：“你怎么证明自己没有外遇呢？”或“为什么世界上没有免费的午餐？”

第三，约定俗成。某些特定情况中，有着将“举证责任”分配给某一方的惯例。

在法律事务中，有明确规定应由哪一方来举证。例如刑事诉讼中，必须由控方的检察官和警方提供充足的犯罪证据，证实被告的犯罪行为，而被告不必证明自己是无罪的。也就是说，“除非证明有罪，否则无罪”。显然这有利于避免冤假错案的产生。

在市场活动中，通常约定由卖方承担“举证责任”。卖方显然更有动力、更有义务证明自己的商品或服务能够为顾客创造价值，而且这些论证不能脱离客观事实、瞎编乱造，否则就应当受到相应的惩罚。如果卖方试图将“举证责任”推向买方，我相信任何有理智的顾客都会立刻转身离去。

在投资行为中，通常由被投资的一方承担“举证责任”。上市公司必须为股民提供公开的财务报表，创业公司必须向风险投资人详尽地阐述自己的商业计划，金融企业则有义务向资金募集对象充分说明其中的风险。所以，作为一个合格的投资人，千万不要在对方详细论证该项投资的回报与风险之前，做出仓促的决定。

以上三个规则，约定了大多数情况的“举证责任”，但不可否认的是，仍然会有“漏网之鱼”。碰到这种情况，双方只能使用一项“终极规则”：谁更想说服对方，谁来举证。

让我们来一起讨论日常工作和生活中，可能遇到的两个“举证责任倒置”的案例。

案例1：应聘面试时，有一位主考官刁难你说：“你应聘的岗位对我们公司非常重要。万一你入职之后不久就突然辞职，这将会对我们公司造成非常大的损失。”

你是否应该拿出证据向他证明你不会突然辞职呢？具体又该如何回应呢？

很显然，你并不需要这样做，主考官的言辞中包含着“举证责任倒置”的逻辑陷阱。如果你真的尝试去论证自己为什么不会突然辞职，你会发现自己“越抹越黑”，越是强调自己不会突然辞职，越显得自己真的有可能会突然辞职。同时，这也向主考官证明了你并不具备良好的逻辑思维能力。

正确的做法是，有礼貌地反问主考官：“您怎么会有这样的疑虑呢？难道公司里经常有员工突然辞职吗？”除非这个公司总是发生员工突然辞职的事件，使“员工突然辞职”在该公司变成了一种可信度很高的现象，主考官才有理由提出这样的质疑。万一真的是这样，那你最好了解清楚公司出现这种现象的具体原因，再考虑是否加入这家公司。

案例2：《大话西游》中菩提老祖听到至尊宝睡觉的时候，呼喊未婚妻白晶晶的名字90多次，而呼喊紫霞则多达700多次，至尊宝却说自己根本没有理由爱上紫霞仙子。于是，菩提老祖问："爱一个人需要理由吗？"至尊宝则反问："不需要吗？"

你认为是菩提老祖还是至尊宝应该承担"举证责任"呢？为什么？

菩提老祖的话是反问句，意味着他的论点是"爱一个人不需要理由"。尽管这是一个"诗意的表达"，但和我们日常的观念不同，可信度较低。所以，菩提老祖有举证的责任。

在日常生活中，"爱一个人需要理由吗？"这样的问题，经常是我们问自己的。由于爱情往往萌芽于潜意识中的性吸引，我们的意识往往是后知后觉的，经常会产生毫无道理地爱上一个人的感觉。所以，我们的感性思维会像菩提老祖那样，得出"爱一个人不需要理由"的结论，而我们的理性思维则会像至尊宝那样提出反问。

但我们应该意识到，不需要理由的爱，显然比需要理由的爱，带来的风险更大。如果我们真的希望这段爱情开花结果，我们有责任为这一份爱的理由做出合乎逻辑的举证，否则可能会造成我们追悔莫及的后果。

03 子非鱼，安知鱼之乐？

诺贝尔物理学奖得主理查德·费曼曾经说过一段有趣的话：“科学家们就是一群无知、疑惑和不确定的人。当一个科学家不知道答案时，他是无知的；当他心中大概有了猜测时，他是不确定的；即便他蛮有把握的时候，他也会永远留下怀疑的余地。”

可以说，现代科学的诞生，正是发扬了这种怀疑精神的结果。如果不具有怀疑精神，对所有的观念，不管是合理还是荒唐，都全盘接收，就失去了分辨是非、去伪存真的基础，科学也无法发展。所以，科学的怀疑精神并没有违背理性思维，是一种合乎逻辑的思想。

但令人迷惑的是，逻辑学上又存在着一种“个人怀疑谬误”。其逻辑谬误的表现形式为，因为自己不明白或知识水平不够，就认定一个事物是假的。也就是说，如果一个人以自己个人的怀疑为论据，试图论证对方的观点是错误的，就犯了“个人怀疑谬误”。

那么，到底应该如何区分科学的怀疑精神和逻辑上的“个人怀疑谬误”呢？

“人是上帝创造的，地球上的一切生物都是上帝按照计划创造出来的。”这是19世纪欧洲各界普遍流行的“神创论”，一直被认为是真理。

然而，到了1860年6月30日，英国科学促进会在牛津大学图书馆召开的年会却推翻了这个“真理”，700多位英国贵族和社会名流见证了这一时刻，这就是人类科学史、哲学史上著名的一件大事，史称“牛津大辩论”。

辩论的一方为代表“神创论”的牛津大主教塞缪尔·威尔伯福斯，另一方为“进化论的斗犬”托马斯·赫胥黎，而《物种起源》的作者达尔文因为生病，所以很遗憾没有出席这次大辩论。

同现代人想象中的蠢笨的“用手臂阻挡历史车轮前进的螳螂”不同，威尔伯福斯其实博学多才，涉猎甚广，也由衷热爱着自然科学。他精通数学与地质学，并对鸟类行为有许多研究。他同赫胥黎一样，也是英国皇家科学院的院士，甚至还担任过英国科学促进会的副主席。但可能恰恰是因为这些辉煌的经历，导致威尔伯福斯过于自高自大，听不进与自己不同的观点。

辩论刚刚开始，自以为是的威尔伯福斯就率先攻击了进化论，接着又轻蔑地干笑一声，要求赫胥黎回答：“请问这位声称人与猴子有血缘关系的先生，究竟是您的祖父还是祖母，是一只猴子的后代呢？”这个极富挑衅的问题，一下凝住了会场上的气氛。

赫胥黎转向自己邻座的同伴，小声地笑道：“上帝把他送到我的手心里了。”接着，他起身高声回答：“相比起一个用自己的才华来混淆科学真理的人，我更愿意和一个猩猩有血缘关系！”这句惊世骇俗的话音刚落，一位贵族妇女当场晕倒，现场一片哗然，四座皆惊。

但赫胥黎不为所动，继续驳斥威尔伯福斯说："我要重复地断言，一个人有人猿为他的祖先，这并不是可羞耻的事。可羞耻的倒是这样一种人：他惯于信口雌黄，并且不满足于自己活动范围里的那些令人怀疑的成就，还要粗暴地干涉他根本不理解的科学问题。所以他只能避开辩论的焦点，用花言巧语和诡辩的辞令来转移听众的注意力，企图煽动一部分人的宗教偏见来压制别人，这才是真正的羞耻啊！"

赫胥黎的有力回击最终赢得了现场观众雷鸣般的掌声。接下来，一些认同进化论的进步学者又用事实证明了主教本人对进化论和人类起源问题的无知，甚至连起码的植物学和动物学的常识都没有。威尔伯福斯再也没有答辩的勇气，偷偷地溜出了会场。从此，进化论迅速传遍了欧美各国。

威尔伯福斯在这场辩论中的发言，所犯的就是典型的"个人怀疑谬误"。其实，达尔文的《物种起源》一书中并没有"人的祖先是猴子"这样的观点，而是通过亲自观察和采集的科学证据，提出了人类与猿人都是由低端生物在"用进废退，适者生存"法则的作用下，通过进化而形成的。威尔伯福斯显然并没有深入研究对方的论据和论证方式，而是仅仅因为内心存在着"上帝创造一切生物"的固有成见，就武断地反对一切与之相悖的观点。换句话说，他怀疑一切与他原有想法不同的观点。他用这种方式来思考问题，显然是不合乎逻辑的。

赫胥黎正是因为识破了威尔伯福斯在逻辑上所犯的谬误，才会面对他刻薄的讽刺不怒反笑，抓住对方的逻辑漏洞，将同样学富五车的威尔伯福斯玩弄于股掌之间。而在牛津大学图书馆的旁观听众，绝大多数都是拥有良好教育背景的学术精英，具备缜密的逻辑思维，所以他们才会为赫胥黎的精彩回击鼓掌叫好。

以社会地位和聪明才智而论，赫胥黎和威尔伯福斯可谓是“一时瑜亮”。但他们面对同样的新颖观点时，产生了不同的“怀疑”。赫胥黎在对比了自己的长期海外科考经验之后，对达尔文的理论拍案称绝：“如此天才的思路，我怎么没想到呢？”于是，他开始怀疑“神创论”是不是“真理”。这种基于客观事实的怀疑，就是科学的怀疑精神。而威尔伯福斯则虔诚地信奉所谓的“真理”，极端怀疑任何与之相悖的观念。这种纯粹基于主观意见的怀疑，就是逻辑上的“个人怀疑谬误”。

此外，“个人怀疑谬误”还有另外一种更为极端的表现形式。

《庄子 · 秋水》篇中写道：

庄子与惠子游于濠梁之上。庄子曰：“鯈鱼出游从容，是鱼之乐也。”惠子曰：“子非鱼，安知鱼之乐？”庄子曰：“子非我，安知我不知鱼之乐？”惠子曰：“我非子，固不知子矣；子固非鱼也，子之不知鱼之乐，全矣！”庄子曰：“请循其本。子曰‘汝安知鱼乐’云者，既已知吾知之而问我，我知之濠上也。”

庄子和惠施一同在濠水的桥上游玩。道家崇尚自然，庄子指着水里自由自在游着的鱼，对惠施说："你看这条鲦鱼仪态从容，悠然自得，这就是鱼的快乐啊。"而惠施是一位热衷于辩论的名家思想大师，所以故意抬杠说："你又不是一条鱼，你怎么知道它快乐还是不快乐呢？"庄子针锋相对地说："按照你说的道理，你又不是我，你怎么知道我不知道鱼是快乐的呢？"惠施则继续坚持自己的观点说："我不是你，固然就不知道你是不是知道鱼的快乐；但你也不是鱼，你也肯定不知道鱼的快乐。这两件事都是可以完全确定的。"庄子进一步反驳他说："让我们回到最初的话题，你开始问过我'你怎么知道鱼是快乐的呢？'，就说明你很清楚我是知道的，所以才有可能问我是怎么知道的。而我是在濠水的桥上通过观察鱼'出游从容'的姿态知道的。"

故事到此就戛然而止了，这场辩论却传诵千古，引发后人无数议论。尽管如今世人已经很少记得惠施这个名字，但他的"子非鱼，安知鱼之乐"却成了妇孺皆知的名句。大家觉得，你不是鱼，怎么知道鱼快不快乐，这句话颇有"己所不欲，勿施于人"的意味，道理听上去似乎也没错。这样来看，是不是惠施才是这场辩论的胜利者呢？

事实上，"子非鱼，安知鱼之乐"这句话本身确实没有逻辑错误。但是，使用"子非鱼，安知鱼之乐"作为论据来反驳庄子的观点，却犯了"个人怀疑谬误"的逻辑错误。如果说威尔伯福斯所犯的这一类的"个人怀疑谬误"是源自绝对相信自己的"真理"，那么，惠施所犯的“个人怀疑谬误”则源自绝对相信自己的“怀疑”。

庄子得出“鱼之乐”的结论，是一个缺省了大前提的三段论。

大前提：所有的鱼（或人）自由自在时，都是快乐的。

小前提：这条鲦鱼是自由自在的。

结论：这条鲦鱼是快乐的。

尽管庄子论述中的小前提是二人共见的客观事实，其隐含的大前提却是一个归纳法的结论，这当然不是一个绝对正确的真理，用道家的话来说：“道，可道，非常道。”这个大前提至多只能算是一个“可道”，是一种合理化推断，是一个相对正确的“真理”。只要存在一个反例就能证明它是错误的，比如有一条鱼肚子饿了，它虽然自由自在却不快乐。

所以，惠施当然可以怀疑庄子的话，但他应该用客观证据，而不是用自己的怀疑作为论据证明庄子的话是错的，更不应该过分夸大这种怀疑的绝对性。在双方的对白中，我们不难发现，在惠施看来：“人不知鱼，你也不知我。”这就相当于在说，不可知是绝对的，道是不可道的，我们只能自己知道自己的事，无法做出与自己无关的任何合理化推断。所以，当庄子最后指出“如果‘你不知我’就不可能反驳我”时，惠施就无言以对了。

无论是威尔伯福斯还是惠施，他们之所以出现“个人怀疑谬误”，根源恰恰都在于他们缺乏科学的怀疑精神，对自己的主观思想毫不怀疑。他们懒得开动脑筋去求证他人观点是否符合客观事实，而是试图单纯以自己的这种怀疑来否定别人的观点，自然会在辩论中输得一败涂地。

总体而言，科学的怀疑精神是要促进你思考，“个人怀疑谬误”则是要阻止你思考。科学的怀疑精神是怀疑一切，尤其是怀疑自己。“个人怀疑谬误”则是只怀疑对方，不怀疑自己。科学的怀疑精神是为了更好地确定而否定，“个人怀疑谬误”则纯粹只是为了否定而否定。所以，科学的怀疑精神有利于我们发现真理，而“个人怀疑谬误”则会导致我们故步自封。

当今社会的发展日新月异，知识也在不断更新迭代。即便我们都接受过完整的高等教育，也必然会发现在真实的工作和生活中，仅仅依靠课本上的专业知识是不够用的。如果我们抱残守缺，始终用个人怀疑来否定新的科技和新的知识，我们迟早会被时代所抛弃。另外，信息大爆炸和互联网的普及，又让我们每个人都暴露在各类谣言和伪科学面前。如果毫不怀疑地接受新生事物，上当受骗恐怕是在所难免的。

所以，至少对我们当代人而言，应该提出的问题不是“为什么要怀疑一切”，而是“应该如何怀疑一切”，这个问题的答案就是，既要始终保持科学的怀疑精神，又要避免产生“个人怀疑谬误”。

案例1：假如你是一家公司的老板，有朋友想向你借钱周转，你让公司的财务人员将钱打到你朋友的个人账户上，财务人员却告诉你这样做是违法的。你应该如何回应他呢？

如果你武断地认为财务人员是在胡说八道，强行用老板的权威来解决问题，那又是犯了“外行”质疑“内行”的“个人怀疑谬误”。《中华人民共和国公司法》确实规定，公司的董事、高级管理人员不得违反公司章程的规定，未经股东会、股东大会或者董事会同意，将公司资金借贷给他人。如果你这样做，其他股东有权以“挪用资金”的罪名起诉你，借款的金额超过6万元就构成刑事犯罪，有可能承担刑事责任。

所以，当你听到专业人士在自己本行内的观点时，千万不要因为这和你的直觉不符合，就产生强烈的怀疑。对于重要的事情，最好请对方详细解释清楚，以免铸成大错。

案例2：畅销书《未来简史》的作者以色列历史学家尤瓦尔·赫拉利在一次演讲中声称：“人工智能将把99%的人变成无用阶层。”你认为这可能吗？

如果你仅仅因为这个观点不可思议，就否认这一观点，那么你就犯了“个人怀疑谬误”。除非你了解什么是人工智能，否则关于人工智能的一切论点你都无从评判。如果你也相信人类未来将进入人工智能时代，努力掌握相关的知识，基于客观事实进行理性分析，才能给出合乎逻辑的评价。

04 失败是成功之母？

蒙特卡洛是全球三大赌城之一。这座仅有3万人的地中海小城，是世界上人口密度最高，也是房价最贵的地方。

1863年，蒙特卡洛大赌场落成之后，相当长的一段时间内，这里却是一个无人问津的地方，不但赌客寥寥无几，甚至连赌场附近都没有人建房居住。直到数十年后，曾在德国当过赌场经理的弗朗索瓦·布兰科接手了蒙特卡洛大赌场，这里才突然变得人潮如梭，一座豪华而奢侈的繁荣都市平地而生。

弗朗索瓦·布兰科并没有什么出神入化的赌技，他的点金妙手是一种在当时而言非常新颖的赌博方式。赌客押注之后，赌场的工作人员将一个小球抛入绘有红黑相间条纹的大转盘中，小球落在红黑条纹内的比例都是50%，赌客和赌场之间的博弈十分公平。

蒙特卡洛当地的赌客们发明了一种正缆投注策略，具体的做法是连续在红或黑上押注，输了就翻倍下注，赢了则立即离场。根据概率论，小球连续落在同一种颜色上的可能性会越来越小，所以采取这种办法的赌客最终总能赢到钱。这一消息不胫而走，吸引了全世界的赌徒蜂拥而至，想要通过正缆投注策略在轮盘赌上实现暴富梦。

1903年的夏天，一场正缆投注策略与轮盘赌之间的巅峰决战在蒙特卡洛大赌场上演了。场面十分具有戏剧性，人们纷纷挤在同一张赌台周围，几乎不敢相信自己的眼睛，那个小球已经是第20次落在黑色上了。于是，大家都趁此天赐良机押注红色，没想到小球第21次仍然落在了黑色上。这又引得更多的人闻讯赶来，将大把的钞票押注在红色上，而上一轮输掉的赌徒也纷纷翻倍押注红色。现在总该换一回了吧。可第22次仍然是黑色。于是，整个赌场的人都冲向这张赌台押红色，可接下来又是黑色，一而再，再而三，直到第27次，那个神奇的小球才终于落在了红色上。然而这一次机会来临时，绝大多数的赌徒早已破产变成了穷光蛋，已经没人有赌本下重注了。

谁也不知道蒙特卡洛大赌场当时一下子赢了赌客们多少钱，但我们可以做一个简单的估算。假定一个赌徒采取正缆投注策略，第一次押注10美元，并参与了26次赌局，他每次输的钱都翻倍，输钱的总额=10美元×（$1+2^1+\cdots+2^{26}$）=10美元×（$2^{27}-1$）=1342177270美元，超过13亿美元!

这个事件在欧洲大陆引起了轰动，世界上不少科学家和学者都对此展开了深入研究。他们的结论是，并非命运之神格外偏爱蒙特卡洛，而是赌徒们集体出现了逻辑谬误。这种逻辑谬误被命名为

“赌徒谬误”，亦被称为“蒙特卡洛谬误”。

这种逻辑谬误的表现形式为：认为随机序列中一个事件发生的机会率与之前发生的事件有关，即其发生的机会率会随着之前没有发生该事件的次数而上升。当重复扔一个公平的骰子，并连续多次抛出单数时，赌徒可能错误地认为，下一次抛出双数的机会较大。

也就是说，当赌场连开11次“大”时，你会想到连开12次“大”的概率大约只有四千分之一，认为这几乎是不可能的。然而，你有没有想过，连开11次“大”再开一个“小”的概率同样是四千分之一呢?

同样地，蒙特卡洛的那个球连续26次落在黑色上的概率大约是六千七百万分之一，这简直可以称为奇迹了。但是，连续25次落在黑色上，下一次落在红色上的概率也同样是六千七百万分之一，你会觉得这也是奇迹吗?

为什么两种情况的概率一模一样，你却会认为前一种情况是不可思议的，后一种情况是意料之中的呢?

答案很简单，你被自己大脑中的潜意识骗了。

当类似的事件反复发生时，无论这些事件是否相关，大脑中的潜意识都会在我们自己没有意识到的状态下，为这些类似的事件自发建立起因果关系。例如，我们反复掷硬币时，尽管意识会告诉我们正反面出现的比例各占一半，潜意识却会认为如果这次是反面，下一次是正面的概率会更大。随着掷硬币的次数越来越多，这种潜意识会越来越强，最终潜意识会战胜意识，直觉会战胜理智，让我们的思维产生逻辑上的“赌徒谬误”。

这个逻辑谬误就是蒙特卡洛赌场赚钱的秘密。用一种绝对公平的赌博方式，可以在高智商的赌徒身上，赢到超过赌本20%钱。这一点已经被科学家们设计的一个对比性的实验所证实。

参加这个实验的是40名拥有博士学位的人，智商都远高于常人。他们每个人拿到了10000美元的赌本，并被要求在一个电脑赌博游戏中完成100次押注。与蒙特卡洛的轮盘赌有所不同的是，电脑游戏中小球落在红色上的概率被设定为60%，而且所有的参试者都知道这个设定。实验的组织者告诉这40名博士，赢来的钱将归他们个人所有，可以想到，这群聪明人确实是采用了自己所认为最好的投注策略来玩这个游戏的。

结果如何呢？只有2个人赢了约500美元，约占他们赌本的5%，而其他人全都输了钱。事后的复盘发现，几乎所有的参试者在看到小球连续多次落在红色上之后，都会下意识地押重注在黑色上，结果导致输了钱。而这明显是不符合逻辑的啊，因为这时候小球落在红色上的概率仍然是60%，大于黑色。

如果你是一个足够理性的人，应该能想到在这个电脑游戏中，最稳健的投注策略是长期集中投注。具体的做法是将10000美元分成100等份，平均投注在100轮赌局中，而且每一次都应该在

60%概率的红色上押注。这样最后完成游戏时，你应该能够赢得约2000美元，约占赌本的20%。而这40个世界上平均智商较高的人，却被“蒙特卡洛谬误”所愚弄，白白让这2000美元从眼前溜走了。

所以，我们可以得出以下两条结论：

结论1：由于“赌徒谬误”的影响，参加赢面小于或等于50%的赌局，只要押注次数足够多，最终一定会导致你输钱。

结论2：参加赢面大于50%的赌局时，长期集中押注在大概率的选项上，只要押注次数足够多，最终一定可以赢钱。但可惜的是，赌场从不提供这样的赌博方式。

事实上，“赌徒谬误”并不一定在赌场上才出现。试问人生何处无博弈？从某种角度来说，我们的每一个选择都像一场轮盘赌，只不过我们押上的不一定是金钱，还有可能是时间、精力或情感。所以说，以上两条结论对我们在赌场之外的决策也有十分重要的借鉴意义。

当我们在“失败是成功之母”这条标语的鼓励下，日复一日地做出同样的选择时，我们有必要认真评估一下所做事情的成功概率，而不是盲目地把成功和失败想象成硬币的正反两面，在“蒙特卡洛谬误”的驱使下，认为只要尝试的次数足够多，成功就一定会来临。

相反，我们应该注意到，尽管赌场中没有投注赢面超过50%的赌博方式，但在我们的生活和工作中其实是存在的。参加体育锻炼，对身体健康有益的概率肯定超过50%；努力刻苦地学习，提高考试成绩的概率也肯定超过50%；对你的爱人微笑，获得一个爱的回馈的概率也肯定超过50%；忘我投入地工作，未来获得升职加薪机会的概率也肯定超过50%。坚持长期集中在这些大概率事件上“押注”，才是更有可能获得合理回报的策略。

案例1：股市中不少散户喜欢补仓操作，也就是当他购买的一只股票连续多个交易日出现下跌，被深度套牢时，他就会继续购入这只股票以降低平均持有的成本，期望上涨后保本离场。应该如何评价这种做法？

这显然也是“赌徒谬误”在作祟，认为一只股票连续下跌之后，上涨的概率就会增大。事实上，掷骰子连续开“小”之后，只要次数足够多，是一定会开“大”的。而股票连续下跌之后，完全有可能一直跌下去，甚至被停牌退市。如果没有该股票价格被低估的客观依据，补仓操作大概率会导致更大的损失。

案例2：很多金融行业的人士都会援引诺贝尔经济学奖得主詹姆斯·托宾的一句名言：“不要把鸡蛋放在同一个篮子里。”这是不是说明投资越分散，风险就越低呢？

其实，这种说法是断章取义。詹姆斯·托宾完整的话是：“不要把所有的鸡蛋放在同一个篮子里，但也不要放在太多的篮子里。”如果你把所有的钱都买了一只看好的股票，万一出现了滑铁卢，你会亏得血本无归，这显然不是一种明智的做法。詹姆斯·托宾仅仅是在否认这样的投资方式，而非在提倡分散投资。

认为只要足够分散地投资就不可能每样投资都亏损的想法，仍然是一个“赌徒谬误”。股神巴菲特的炒股策略是长期集中投资在少数几只最有升值潜力的股票上，这才是合乎逻辑的观点。

05　凡事不要走极端?

假设你是一家公司市场营销部门的负责人，公司推出了一款新产品。

有一位同事认为：销售定价应该尽可能低，采取薄利多销的营销策略，主打低端市场，努力提高市场占有率，从而扩大生产规模，进一步摊薄成本。而另一位同事则认为：销售定价应该尽可能高，通过限产进行“饥饿营销”，主打高端市场，努力塑造品牌形象，实现高利润，加大研发投入，进一步提升产品的质量。

你会不会认为，他们两个说得都有道理？甚至你会充当和事佬，拍板决定采取一个折中的方案，定一个既不太高也不太低的价格。也许你还会为自己的英明决策而沾沾自喜，为了部门内的一团和气而感到欣慰，但是这样的做法说不定会导致新产品在市场上完全没有竞争力，最终公司受损失，部门挨批评。

如果你认为两个极端观点的妥协，或者说中间立场，肯定是对的，那么你就犯了逻辑上的“中间立场谬误”。虽然大多数时候，真理确实存在于两种极端的中间地带，但是你不能轻易地认为只要是处于中间立场的观点就一定是正确的。

首先，一个明显正确的观点和一个明显错误的观点的中间立场也是错误的观点。反对吸毒明显是正确的观点，既然吸毒是明显错误的，难道偶尔吸毒就会变成正确的吗？反对嫖娼是明显正确的观点，既然嫖娼是错误的，难道偶尔嫖娼就会变成正确的吗？反对赌博是明显正确的观点，既然赌博是错误的，难道偶尔赌博就会变成正确的吗？反对受贿是正确的观点，既然受贿是错误的，难道偶尔受贿就会变成正确的吗？如果在这些大是大非的问题上，犯了“中间立场谬误”，很可能就会导致自己“一失足成千古恨”。

其次，即便两个极端对立的观点都不是明显错误的，我们也不能武断地认为中间立场一定就是正确的，而是应该具体问题具体分析。例如，新产品推向市场时，采用高价还是低价策略，都有成功的先例。苹果手机采用高价策略和“饥饿营销”大获成功，而国内的一些代工厂商推出的新品牌采用低价策略也同样大获成功。但是，不高不低的定价反而不一定能取得成功，因为这可能使新推出的产品既没有价格优势，又没有品牌优势，从而陷入同价位、同质化的激烈竞争。在这种情况下，必须深入分析双方的观点，以客观事实为依据，才有可能找到正确的答案。新产品的定价一方面应该考虑自身的生产成本是否低廉、性能是否出众，另一方面应该考虑市场上同类商品的售价和功能特点、客户的购买力等因素，甚至应该进行前期的市场调研。如果简单粗暴地“取个平均数”来定价，市场的回报恐怕多半到不了“平均数”。

如果两个极端对立的观点都是明显错误的，它们的中间立场显得更为正确，我们也应该意识到，完全可能存在着多个不同的中间立场，并非其中的每个中间立场都是正确的。

2019年春晚上有一个小品节目，讲述的是一对年轻的夫妻为了春节应该在哪一方的父母家过发生争吵的故事。对于春节这样举家团圆的日子，夫妻双方都希望和自己的父母共同度过，可由于男方的父母住在北京，女方的父母住在广州，显然不能两全其美。这种情况下，无论男方还是女方，要求对方不顾自己的父母，去对方家里过年，都显得有些过分“自私”。所以，“妥协”的中间立场才是更为可行的选择。

如何“妥协”，却是一个大问题。一种方案是分开过，男女双方“各回各家，各找各妈”。还有一种方案是轮流坐庄，“今年去你父母家，明年去我父母家”。这两种方案相比较，前一种中间立场显然不可取，这不但会给双方的父母造成夫妻不和的印象，而且如果有孩子，孩子总不可能一分为二，一家去一半。最后小品的结局，也是采用了第二种方案，双方的父母相互体谅，和谐地解决了问题。

在中国人的思想中，“物极必反”和“过犹不及”的观念可谓根深蒂固，所以在现实生活中，我们经常对任何事情都“一分为二”地看，个个都领会了“中庸”之精髓，成了“和稀泥”的高手。无论是谁在公开场合发表对某件事的意见，大都不愿给出黑白分明的答案。虽然每个人心里都有不尽相同的答案，对外的口径却出奇一致，甚至已经“公式化”了。

当有正反双方在争辩某件事情的利弊，并征询你的意见时，你的标准公式就是先“洗耳恭听”双方的观点，然后对正方说：“你说得很对，这件事确实是好事情，不过也有些小的弊端。”接着马上对反方说：“你说的那些弊端确实存在，但这件事情也是有一定的益处的。”但事实上，这样的评论只不过是“正确的废话”，并没有任何实质性的帮助。

“中间立场谬误”的最大害处在于它会让人在不断“折中”的过程中逐渐变得虚伪和市侩。既然绝对的黑与白都不正确，灰色的中间立场才是“极高明而道中庸”的，那么，是非就不那么明确，“对自己有利”才是唯一有意义的。不少人在口头上痛骂有钱的人在办某件事情时搞“特殊化”，自己遇上那件事情时却也希望被“特殊化”。明面上痛恨拍马屁的小人，真的想升职加薪时，自己也会私下找领导“活动活动”。 既然“水至清则无鱼，人至察则无徒”，做一些让自己良心不安的事，似乎也无伤大雅。

然而，如果每个人都这么想，社会的整体道德必然会下滑，最终每个人都会因此而受害。如果每件事情我们都不追求极致，而是奉行“差不多”主义，那么必然会导致没有一件事情我们能做得完美。在这个竞争日益激烈的环境中，这可不是一种值得庆幸的现象。

“凡事不要走极端”，听上去是颠扑不破的真理。但如果你仔细思考一下这句话，就会发现，这句话本身就是在“走极端”，是在极端地提倡中间立场。一个观点是否正确，与它是否极端并没有必然联系，与它是否折中也没有必然联系！极端的观点完全可能是正确的，中间立场的观点也完全可能是错误的。

案例：你的爱人在地摊上买了一件T恤，小贩开价100元，但他认为只值20元。经过一番你来我往的砍价，最终他以60元的价格买下了这件T恤。你认为他是吃亏了，还是占便宜了？

在谈判过程中，“讨价还价”是一个常见的过程。谈判的双方都有可能利用对方的“中间立场谬误”，刻意抬高或压低价格。卖方漫天要价，买方就地还价，双方的出价往往都和商品的实际价值不相符合。所以，我们无法通过小贩和他的第一次报价来确定这件T恤的实际价值，二者的平均价也绝对不意味着正确的价格。

作为买方，想要不吃亏，要做的事情并不是尽可能地砍价，而是应该客观地参考同类商品的市场价格。在如今的网络时代，这其实是非常方便的事情。如果T恤以高于正常的市场价格成交，哪怕你砍价再多也是吃亏上当，犯了“中间立场谬误”。而如果小贩肯以远低于市场的价格卖给你，你恐怕又要考虑一下这件商品本身是不是存在什么质量问题了。

06　每个人心里都有一座“围城”？

法国数学家、物理学家、思想家布莱士·帕斯卡在其著作《思想录》中说：“我不知道神是否存在。如果他不存在，作为无神论者没有任何好处；但是如果神存在，作为无神论者，我将有很大的坏处。所以，任何一个趋利避害的‘赌徒’都宁愿相信神的存在。”

“一念天堂，一念地狱”，信了你将来就上天堂，不信你就下地狱。你信还是不信？如果神并不存在，那当然信还是不信都无伤大雅。但万一存在呢？不信可是要下地狱的。这样算来，还是信了吧，就当是买份保险，破小财，避大祸。

可是，等一等！你有没有觉得这套逻辑听起来非常耳熟呢？

“梦想还是要有的，万一实现了呢？”有梦想就成功，没梦想就失败，你敢没有梦想吗？态度决定命运，积极正面思考就会幸福，消极负面思考就会不幸，你敢不正面思考吗？平台决定出路，加入传销组织就会发财，不加入传销组织就会受穷，你敢不加入吗？

这种说法其实是一个逻辑上的“虚假两难谬误”！尽管真实的世界并非只有黑白二色，但发问者预设了“非黑即白”的两个答案，锚定了你的思维模式，从而让你坠入了他的逻辑陷阱。

你也许会认为，这套说辞对你而言过于小儿科了，智商如此之高的你是不会上当受骗的。但事实上，绝大多数人都会在日常生活中不知不觉地陷入这一类逻辑谬误中，不但自己被忽悠而毫无察觉，还会不由自主地使用这套逻辑来说服别人。

女孩在淘宝上看到心仪的名牌包打折，会立刻给男朋友发代购的链接，美其名曰为给他一个证明真爱的机会；父母看到培训机构的诱人广告，会立刻给孩子报名，美其名曰为给他一个光明的未来；领导遇到了繁重的工作，会立刻丢给下属，美其名曰为给他一个成长的机会。

西方科学家相信，我们之所以容易陷入这种二元思维，与远古人类在旷野中遭遇猛兽时的“或战或逃模式”有关。这导致我们在生物本能上，会用二分法来看待世界，不由自主地相信事情只有两种解决方案，要么A，要么B。

其实，这套给人做“必选题”的逻辑陷阱早在商业社会广为流传，并发展出若干个升级和变种的版本。学过市场营销的人，大都读过这个案例：两个毗邻的早点铺子，都卖豆浆和油条，价格一样，产品一样，连服务态度和环境卫生都一样，客流也相差无几，却一个亏本、一个赚钱。原因只在于，两个店的收银员问了客户不同的问题。亏本的店，收银员问的是：“先生，您要不要在豆浆里打个鸡蛋？”赚钱的店，收银员则问的是：“先生，您的豆浆里要打一个鸡蛋还是两个鸡蛋？”

作为连锁餐饮业鼻祖的麦当劳，更是把“二选一的必选”，玩出了境界更高的“多选一的套餐模式”。

众所周知，麦当劳的饮料和小食利润更高。例如，麦当劳的一杯散装可乐的售价高达人民币近10元，这个价格大概是超市中罐装可乐的5倍左右。由于麦当劳与可口可乐结成了战略联盟，其可乐的采购成本则比超市还要低得多。我们由此不难想象，麦当劳销售的可乐是何等的暴利！

很显然，麦当劳不会像前文中的早餐铺子那样问顾客：“先生，您要不要来一杯可乐？”而是直接把可乐搭配进每一种套餐里，造成顾客必选的“错觉”。收银员最多会问一句：“先生，您是要大杯的可乐，还是中杯的可乐？”

互联网时代的到来，尤其是近几年人工智能技术的普及，更把这套“必选题”的逻辑陷阱，发展到了登峰造极的地步。如果说，线下传统的套餐模式，仅仅会让顾客出现短暂的“选择困难综合征”，线上“乱花渐欲迷人眼”的“换购”“满减”和“猜你喜欢”，干脆就让顾客彻底迷失了自我。在如此之多的选择面前，忘记了自己其实还有别的选择，或者完全可以选择“不选择”。

我们之所以认为必须做出“选择”，甚至认为正确的答案一定在对方给出的“选择”当中，或许和我们自幼习惯了做标准化的答卷有关。在考试中，给出了唯一标准答案的是非题和选择题构成了试卷的主要部分。于是我们习惯于做选择，甚至就算我们其实并不知道正确的答案是什么，我们仍然会选一个。因为你相信，只要做出了选择，总有概率答对并得分，而不选择显然不能得分。

只可惜，考试时固然如此，在真实的生活中却并非这样。在麦当劳的A、B、C、D套餐和电商平台的推荐商品中，我们可选不出人生正确的答案，也许答得再多都只能得零分，甚至沦为一个缴纳了高昂“智商税”的傻子。

有人在对其传统的非黑即白的二元思维模式进行深入反思之后，提出“灰度思维”才是最接近世界真相的思维模式。认为真实的世界不是棱角分明的，也不是非黑即白的，而是圆润的、混沌的、无常的，它黑中有白，白中有黑，黑随时可以变成白，白随时可以变成黑，这就是所谓的灰度。

但是，单纯从逻辑的角度来看，所谓的“灰度思维”只不过是一个变异的“虚假两难谬误”。美国加利福尼亚大学逻辑学教授布鲁克·诺埃尔·摩尔将之称为“划界谬误”，并在自己的著作《批判性思维》中举了一个著名的庭审案例加以说明。

1991年3月3日，美国黑人罗德尼·金酒后超速驾驶，洛杉矶警方将他截停。罗德尼·金下车后，扭动自己的屁股，并对截停他的一位女警官做出侮辱性动作。警察上前用膝盖压住他的后背试图制伏他，结果反而被他扔飞。于是4名洛杉矶警察用电击枪攻击了罗德尼·金，并用金属警棍不停地殴打他。直到罗德尼·金求饶，警察们才停止了攻击，给金戴上手铐，并呼叫救护车将其送往医院急救。

附近的一名摄影爱好者恰好拍下了整个事件的全过程，罗德尼·金以此作为证据，向法院起诉这4名警官暴力执法。在视频中，警察们一共挥动了56下警棍，罗德尼·金因此索赔5600万美元的补偿，即1记警棍100万美元。

但在1992年庭审时，为洛杉矶警察辩护的律师采用了“划界谬误”进行诡辩。他说：“大家都同意，由于罗德尼·金有拒捕的情节，警官们挥动第1次警棍时，肯定是不构成暴力执法的。第2次和第3次多半也不构成暴力执法。那么，要得出警察滥用暴力的结论，就得指出在挥动警棍的56次中具体从第几次开始，合法使用武力变成了暴力执法。由于我们没有人（包括这4名警官）能找出这个具体的界限，所以，我们不能认定警察滥用暴力。”

法官和陪审团被律师的“道理”说服了，判决4名警官无罪，并驳回了罗德尼·金的上诉请求。由于媒体将不利于罗德尼·金的镜头剪掉后把视频播了出来，不少黑人观众认为这是白人警察的种族歧视行为，而法院的判决是偏袒白人警察的。于是，罗德尼·金败诉后仅仅2小时，就发生了著名的洛杉矶大暴动。这场暴动持续了6天时间，大量的抢劫、攻击、纵火和谋杀在骚乱中发生，造成财产损失超过10亿美元。暴动总共导致50多人丧生，超过2000人受伤。最终法院不得不改判警察有罪，罗德尼·金也获得了380万美元的赔偿。可以说，在这场“黑白之争”中，“灰度思维”并没有成功蒙混过关。

无论是刻意强调黑白之分的二元论，还是刻意模糊黑白之分的“灰度思维”，其实都是在局限我们的思维。真实的世界难道不是彩色的吗？我们为什么非要在黑白之间做文章呢？要想不被别人“套路”，必定要学会不按套路出牌。避免自己的思维僵化，才能不陷入虚假的两难境地。

案例1：作家张爱玲曾经说过：“也许每一个男子全都有过这样的两个女人，至少两个。娶了红玫瑰，久而久之，红的变成了墙上的一抹蚊子血，白的还是‘床前明月光’；娶了白玫瑰，白的便是衣服上的一粒饭粘子，红的却是心口上的一颗朱砂痣。”

如果你的爱人问你，她是你的白玫瑰还是红玫瑰，你该怎么回答？

这显然是一个典型的“虚假两难谬误”，无论你选择白玫瑰还是红玫瑰，都是错误答案。你不妨回答她，你是我唯一的玫瑰。

案例2：“围在城里的人想逃出来，城外的人想冲进去，对婚姻也罢，职业也罢，人生的愿望大都如此。”这句话是钱钟书先生写在小说《围城》中的点题之语。这种说法在逻辑上有问题吗？

事实上，这种想法也是“虚假两难谬误”的一个子类——“完美主义谬误”。即认为只要一件事情不完美，就是不好的。而无论我们所处的婚姻状态与专业状态是怎样的，这种状态总不会是完美的。仅仅因为不完美，就产生想要“逃离围城”的想法，其实也是人为地制造了一个两难境地。

第五章

为什么尊重知识，反而会被知识所愚弄

01 不是文盲，但有可能是“数盲”

在任何一个国家的教育体系中，数学都是极为重要的一门功课，没有上过数学课的人就像不识字的文盲那样稀少。

然而，美国一位数学教授约翰·艾伦·保罗士出版了一本名为《数盲——数学无知者眼中的迷惘世界》的畅销书，声称即便受过良好教育的人，仍然对数学知之甚少，并把这群人称为“数盲”。

你是否也是一个“数盲”呢？让我们来看看保罗士教授书中的一个案例，你能否给出正确的答案。

1994年，前美式橄榄球黑人运动员辛普森，涉嫌杀死白人前妻及男友一案成为当时美国最为轰动的事件。当时此案的审理一波三折，在辛普森重金雇用的“律师梦之队”的帮助下，辛普森最终以无罪获释。

在这场世纪审判中，有一个小插曲。检方提供了辛普森曾多次殴打前妻的证据，从普通人的直觉而言，这显然是一个对辛普森不利的客观事实。辛普森的辩护律师却说：“只有仅仅千分之一的男人在殴打他们的妻子或女友后，会有杀死她们的过激行为。因为这是一个发生概率极小的事情，所以，法庭不应该考虑辛普森打老婆的举证。”于是，“数盲”法官要求陪审团对检方的该项举证不予采纳。

你是不是觉得这位律师其实是在诡辩，却又不知道该如何反驳呢？事实上，我们不仅应该看一个“数”绝对的大小，也应该看这个“数”相对的大小，这样才能得出符合逻辑的结论。

例如，如果统计数据表明，高达68%的脑癌患者经常使用手机打电话，这是否能证明手机辐射诱发了脑癌呢？

答案是：不能证明！

因为经常使用手机的人群的占比本身就在总人口中超过65%，这说明没有患脑癌的人同样经常使用手机。尽管68%是一个很高的比例，但相对于总体的65%而言并非明显的变化，所以，这个数据无法证明经常使用手机的人更容易患脑癌。

人们总觉得数学是一门精准的学问，对方如果在辩论中引用了准确的统计数字会显得格外有说服力，却常常忘了解读这些统计数字背后真实的意义。要避免这种“数字崇拜”引发的上当受骗，我们不仅需要参考统计数字本身，还需要参考统计的样本量、统计背景等相关因素。

保罗士教授在《数盲》一书中还指出，除了缺乏对数字的深度解读能力，“线性思维”也是“数盲”的重要特征之一。真实世界中，事物的变化往往不是一马平川的，而受“线性思维”束缚的人却直觉而武断地认为这些变化是平滑的，可以简单估算出来。

爱德华·墨菲是美国爱德华兹空军基地的上尉工程师。他曾参加美国空军于1949年进行的MX981实验。这个实验的目的是测定人类对加速度的承受极限。其中有一个实验项目是将16个火箭加速度计悬空安装在受试者上方，当时有两种方法可以将加速度计固定在支架上，但不可思议的是，竟然有人将16个加速度计全部装在了错误的位置上。于是，墨菲做出了一个著名的论断："事情只要有向更糟糕的方向发展的可能性，就多半会真的往更糟糕的方向发展。"这个论断引发了大众的共鸣，在全球范围流行开来，被称为墨菲定律。

对于采取"线性思维"的人来说，墨菲定律更像是倒霉蛋"自黑"的"吐槽"。他会本能地认为，事情向好的方向和坏的方向变化的可能性是大致相同的，墨菲定律"显灵"只是说明你运气不好，而非客观规律。

但真相并非如此。让我们来一起分析一下，墨菲定律背后的数学原理。

假设你一共有10双袜子，由于粗心大意，其中的6只找不到了。那么，最好的结果是这6只恰好组成了3双袜子，那么你还有7双完好的袜子；而最糟糕的结果是，这6只袜子都是不成双的，结果导致你只剩下4双完好的袜子。在你的想象中，这两种结果发生的可能性是否差不多？

但是，数学家们根据概率论的计算结果表明，发生最糟糕的结果的可能性是发生最好的结果的可能性的100倍以上。更精确地说，只能保留4双完好袜子的概率高达34.7%，其计算公式为20×18×16×14×12×10/P（6,20），而能够保留7双完好袜子的概率仅约等于0.3%，其计算公式是C（3,10）/C（6,20）。

基于同样的道理，如果我们每天要做10项工作，其中每项工作都需要2个步骤都顺利才能做完，那么，我们搞砸了6个步骤，只能完成4项工作的概率，也是能完成7项工作的概率的100倍以上。

事实上，就像“袜子必须成双才有用”那样，生活中的很多事情也必须保证所有环节和要素都是完好的，这件事情的结果才会是好的。只要其中的一个环节或要素出现了问题，整件事情就会向糟糕的那一方面发展。而由于很多事情的环节其实远远不止2个，所以，一旦出了岔子，导致最糟糕结果的可能性要远远大于最理想的结果。

这正是墨菲定律无意之间言中的深刻道理！

墨菲定律另一个寓意是，即便坏事发生的概率很小，它们仍然会经常出现。

统计数字表明，一个人意外死于车祸的概率是1%，死于火灾等突发事故的概率是2%，死于流感等呼吸道疾病的概率是5%，死于老年痴呆症的概率是10%，死于癌症的概率是20%，死于心脏病的概率是25%。那么，一个人不死于以上意外的概率是多少呢？（1−1%）×（1−2%）×（1−5%）×（1−10%）×（1−20%）×（1−25%）=0.4977126，大约是50%。

换句话说，你有很大的概率避免任何一种意外或疾病，但要想避开所有的意外和疾病就不是那么容易了。事实上，意外死亡的原因远远不止上述这几条。所以这个简单的概率计算，生动地揭示了绝大多数人都不能“一生平安”和“长命百岁”背后的科学原理。

同样地，一个物体只要有任何局部存在瑕疵，整个物体就不能被称为完美。就像一个苹果，只要任何一处腐烂，整个苹果就成了坏苹果。尽管任何一个局部出现瑕疵都是小概率事件，可出现瑕疵会变成大概率事件。

而如果你是保罗士教授口中的“数盲”，你可能会对世界存在过于乐观的系统性偏差，更容易上当受骗。

案例1：有个陌生人给你发短信，声称自己是一位资深的基金经理，开发了一套算法，可以准确地预测某一只股票的涨跌。他在连续一周的5个工作日内发给你的预测都是准确的，你会愿意花费100元购买他的预测服务吗？如果他连续两周在工作日都预测准确呢？

其实，这是一种常见的电信诈骗方式，也是一种“数字陷阱”。

你可能觉得连续5次猜中涨跌是一件很神奇的事情，这件事情发生的概率确实很小。但是，对方完全可能将这条短信复制群发给了成千上万个人，只不过他对其中的一半人预测股票会涨，对另一半人则预测股票会跌。而第二天时，他则只向获得了正确预测的人继续发短信，然后不断重复这样的操作。

连续两周的工作日猜中某只股票涨跌的概率是$1/2^{10}$，大约是千分之一。也就是说，当这个骗子给100万人群发短信时，连续两周收到“正确”预测的人会达到1000个，如果他们都支付给他100元，他能获得近10万元的“服务费”。

案例2：你大学的同班同学中，正好有一位男生和一位女生是同一天的生日，他们两个人都觉得彼此很有缘，结果真的因此恋爱结婚了。你觉得这是命运的奇迹吗？

你可能直觉上会认为：“一年有365天，一个班级有50人左右，出现同一天生日的概率应该是很小的，且恰好是一男一女，那就更是小概率事件了。”

但事实上，在50个人中出现同一天生日的可能性高达97%，其计算公式为$1-P(50,365)/365^{50}$，恰好为一男一女的概率要再除以2，也就是48.5%，这个概率也并不算低。

在“数盲”眼中的很多奇迹，按照概率论来计算，其实都远比他们想象得更容易发生。例如，在一座陌生城市的街头偶遇自己的熟人，梦到地震后没几天确实发生了地震，在网上看到自己前几个月刚投过简历的某家公司破产的消息等，这些看上去极端巧合的事情，绝非什么命运的安排，而确实是有较大概率会发生的寻常事件。

02 基因是自私的？

科学对于人类的重要性不言而喻，所以，在辩论中，人们常常用声称自己的观点是科学的，来证明自己的观点是正确的。正如萧伯纳曾经说过："知识不存在的地方，愚蠢便自命为科学。"如果一个人认为某个观点只要是科学的，就必然是正确的，那么只能说明他并不懂得什么才是真正的科学。

卡尔·波普尔是20世纪最具影响力的科学哲学家之一，他曾经将科学定义为"可以被证伪的知识"。换言之，一切不可被证伪的知识，都不是科学。任何不证自明或者无从辩驳的观点，都不可能是科学的观点。当我们声称自己的观点是科学的时候，其实从某种程度而言相当于在说，我们的观点有可能是错误的。

要充分意识到这一点，我们必须对科学的方法论有一个完整的认识，了解科学家是如何开展科学研究的。事实上，任何一个观点成为大众接受的科学理论之前，必须经过以下四个步骤。

第一，进行科学的观察。对客观存在的现象深入观察，从中寻找规律性。这样的观察绝不应该带着先入为主的观点，否则很容易仅仅看到符合自己观点的证据，从而违背了科学只尊重事实的基本原则。

第二，提出科学的假说。对找到的客观规律给出逻辑上合理的解释。在这个过程中，需要大胆地突破固有成见，甚至需要颠覆常识。哪怕再离奇、再荒诞的想法，只要在逻辑上与观察到的现象和总结出来的规律不矛盾，就完全可以做出这样的假设。

第三，开展科学实验。根据自己的假说，设计可以重复验证，并且排除主观因素和其他无关因素影响的科学实验，用实验数据来验证自己的假说。例如，在新药上市之前所必须进行的“双盲实验”，就是一种比较典型的科学实验。在整个实验过程中，医生并不知道患者服用的是什么药，患者也不知道自己服用的是什么药。如果在这种情况下，药品仍然能对患者产生疗效，才能说明药品是真正有疗效的。

第四，在实践中检验科学理论。在实验数据的基础上，修正自己的假说，得出逻辑上自洽的科学理论，将自己的科学理论运用到日常的生产活动中。只有被实践活动验证的科学理论，才可以被大多数人所承认。

任何一种理论，只要没有经过这四个步骤的验证，那么它就称不上科学的理论。尽管科学理论未必就是真理，但不科学的理论肯定不是真理。

所以，如果再有人对你说：“我的观点是科学的。”你不妨反问他：“你有没有经过客观的观察？有没有提出合理的假说？有没有经过科学的实验？最重要的是，你有没有经过实践检验的科学理论？”如果他回答不出你的问题，那么他才是真正不讲道理的那一方。

更进一步说，从这四个步骤来看，尽管科学的方法已经是我们人类探寻真理的最佳途径，它却不具备逻辑上的完备性，并不能得出100%没有例外的、绝对性的结论。我们的观察可能是在管中窥豹，我们的假设可能是在异想天开，我们的实验可能是在以偏概全，我们的实践可能是在坐井观天。所以，科学的发展往往是一个自我证伪和自我革命的过程，一旦某种科学理论形成了不容挑战的绝对权威，反而会阻止科学的发展。正如一位科学家所戏言的那样：“科学总是革命的、非正统的，这是它的本性，只有科学在睡大觉时才不如此。”

当然，一种科学理论只要完成了这四个步骤，即便被证伪了，也不意味着它就是错误的，而是说明它存在特定的适用范围，仅仅是一个局部的真理。举一个人尽皆知的案例来说，牛顿的经典力学就是被爱因斯坦的相对论所证伪的科学理论，但这并不意味着经典力学就不是科学，而是说明它仅仅适用于常规尺寸、低速运动的物体。

所以，真正尊重和相信科学的人，并不会将任何一种科学理论或观点视为“放之四海而皆准”的绝对真理，而会认识到：科学是有边界的，是有特定适用范围的。

前文提到，理查德·道金斯写过一本名噪一时的书《自私的基因》，他用大自然中千奇百怪的生物的无数个鲜活的例子，论证了一个惊世骇俗的观点，那就是：由于基因掌握着生物的“遗传密码”，所以一切生命的繁殖演化和进化的关键最终都归结于基因的“自私”。在他看来，生物竞争性、争斗性的行为可以追溯到基因的“自私性”，甚至连生物之所以会有利他行为，也只是因为这种利他行为能使更多的基因得以生存和复制，所以本质上仍然是“自私”的基因在作祟。

理查德·道金斯本人是英国皇家科学院院士，他的观点无疑是科学的，他得出自己的结论也完全依据科学的方法。然而我们能接受这种科学的观点是正确的吗?

正如清华大学吴国盛教授在书评中写道：“听完道金斯讲述基因的故事，人类应该感到绝望。进化是偶然的、无目的的，基因是冷酷和自私的。它们聪明绝顶，经过几十亿年的进化，都已经成精了。从这里，我们确实可以学会不少求生存的本领，但同时我们也会陷入这样一个境地：我们不知道我们为什么要生存。生存是偶然的，也是荒谬的。生命的意义可以说是微不足道的。在人性的世界里那么崇高和辉煌的舍生取义、视死如归，在一个所谓的客观世界里完全是不合情理的。近代科学制造的这种人与世界的分裂，在今天由于更加精致化、合理化，而显得更难弥合。”

事实上，唯一合理的解释是：基因的这种“自私性”固然是科学的观点，但它仅仅适用于讨论自然界中的生物，而不适用于讨论处于社会中的人类，就像不能用牛顿的经典力学讨论发生核裂变的原子一样。

所以说，一个观点如果没有办法证伪，没有边界，没有适用范围，它就绝对不可能是科学的。也就是说，即使对方声称自己的观点是科学的，而它事实上确实是科学的，他仍然可能是在强词夺理，也许这个科学的观点，根本就不适用于你们所讨论的话题。

案例1：某保健品公司在其产品的推介会上，做了一次“科学实验”，将一只牛蛙的心脏放入一杯清水中，将另一只牛蛙的心脏放入保健品的溶液中。结果在清水中的心脏十分钟后停止了跳动，溶液中的心脏则持续跳动了一小时以上。这是否证明该保健品对心脏有良好的养护作用？

这其实是一个典型的伪科学骗局。在与动物血液含盐量最接近的生理盐水中，活体解剖的牛蛙心脏甚至能跳动4小时。所以，只要所谓的保健品中含有一定的盐分，牛蛙心脏在其中跳动的时间就会远远超过在清水中的跳动时间。

如果想通过实验证明保健品的效果，那么不应该用清水和溶液对比，而应该用牛蛙的正常血液和溶有保健品的牛蛙血液进行对比，这才是对真实环境的模拟。

案例2：中医的经络理论和五脏六腑的人体内脏模型，都已经被现代的西方解剖学证明是错误的，这是否说明中医根本不是科学呢？

事实上，并不能因为一个理论被证伪就说明它不是科学，就像牛顿的经典力学被相对论证伪，但丝毫没有妨碍它被写入我们学习的教科书中。

中医学说的建立，完全遵循观察、假说、实验和实践四个步骤，尽管它的理论与客观事实存在出入，但在实践中，它仍然能对诸多病症起到良好的疗效。所以，中医也是科学，但它是可以被证伪，具有一定适用范围和需要进一步完善的科学。

03 环境决定命运?

豆瓣高分剧集《人生七年》被誉为世界上最伟大的纪录片之一。

导演迈克尔·艾普特从1964年开始拍摄纪录片系列的第一部，采访了来自英国不同阶层的14个7岁的小孩子，他们中既有男孩也有女孩，有的来自孤儿院，有的是普通工人的孩子，有的是农场主的孩子，还有的则是上层社会的小孩。此后每隔7年，艾普特都会重新采访当年的这些孩子，倾听他们的梦想，畅谈他们的生活。纪录片展现了被访者从7岁到63岁，长达56年跨度的人生剪影。

这部纪录片之所以引起了人们广泛的关注，不仅仅是因为它折射了英国社会数十年来的沧桑变化，更是因为导演艾普特做出了一个大胆而又符合人之常情的假设："每个孩子出生的社会阶层和成长环境将会预先决定他们的未来！"从纪录片这14个人的生活轨迹来看，艾普特的预言基本上成为现实。

纪录片中的几个来自伦敦富裕地区的孩子，7岁就开始读《金融时报》《泰晤士报》等财经报纸。他们很清楚自己未来的规划，甚至对每一个细节步骤都十分明确。例如，其中一个男孩说道："小学毕业以后，我会去布罗德斯泰斯—圣彼得学生公寓，再去切特豪斯学校，然后进入剑桥大学。”

与此同时，那些伦敦东区贫困家庭的孩子，7岁时在学校整天只知道嬉笑打闹。尽管被问及长大后有什么梦想时，他们也会说自己想当宇航员或是骑师，却完全不知道通过怎样的途径才能实现自己的梦想，甚至有的孩子根本就不知道上大学是什么意思。

几位富人的孩子，14岁时按部就班进入了理想的学校；21岁考上了心仪的大学——牛津或剑桥；35岁，事业上大都有了一番成就，或积极进入政界，或创立公司，或成为知名制片人。

而穷人家的孩子们则大多没有读大学，到了21岁的年纪，或在工厂上班，或在工地搬砖。后来，他们也从事着低薪工作，终日为生计奔波，有的甚至依靠政府救济为生。

受艾普特导演的这部英国纪录片的影响，美国、日本、南非都拍摄了自己国家的《人生七年》。日本和美国的节目主角的人生轨迹，无一例外都受到了所属阶层和教育的影响，出生和成长的环境很大程度决定了他们的人生高度。

尽管中国没有拍摄类似的纪录片，但在民间也一直流传着“三岁看老，七岁定终身”之类的俗语。当代中国人如果在事业发展上遇到了瓶颈，也往往会以出身不好的理由来为自己开脱。

这是否意味着，我们的人生是由所处的环境所决定的？如果真的是这样，我们有没有办法超越环境的制约，获得更好的人生呢？

在我看来，这两个问题实际上是一个问题，找到了导致环境与成长之间产生紧密联系的那个根本原因，就同时找到了这两个问题的答案。

这个答案并非“钱”，而是“教育”！无论是在现代还是古代，无论是在国外还是国内，想要突破出身阶层的桎梏，关键都在教育。

当然，我说的教育，并不单单指学校的教育，而是一个更宽泛的概念。

无可否认的是：“一个人能否受到良好的教育，很大程度上取决于其父母的阶层、职业和收入。”当一个孩子遇到困难不知道该如何处理时，他可能求教于自己的父母或长辈，也可能会向自己的同学和朋友寻求帮助。当身边的这些人传授给他解决问题的“知识”时，就形成了一种“教育”。如果身边的人告诉他，感到无聊时就去打打麻将、喝喝小酒；碰到伤心事就去吃顿火锅，一顿火锅化解不了的烦恼，两顿火锅一定可以。那么，这个孩子就会把它当成一种“常识”，甚至把它当成一种处事原则。于是，很自然地，他的父母是怎样的人，他就会变成怎样的人；他的亲戚是怎样的人，他就会变成怎样的人；他的朋友是怎样的人，他就会变成怎样的人。

所以，一个人想要摆脱他所处阶层的束缚，首先就要摆脱这种“教育”。与其从亲朋好友那里复制“知识”，不如从圣贤书中寻求“知识”，或者通过自己的独立思考获得“知识”。一个人无法选择他的父母，但可以选择他的朋友；一个人无法选择在学校里读什么课本，但他可以选择课余看什么书；一个人无法选择他出身的地方，但至少在当代的中国，他可以选择自己在哪个城市生活。在互联网普及的今天，几乎每个人都可以选择自己接受什么样的“教育”，是天天刷快手、抖音，看美食、美女，还是学习充电、自我成长，这完全是和钱无关的事情。

越是容易获得的知识，往往越是没有价值；越是免费的“教育”，也往往越是劣质的“教育”；越是送上门的信息，也往往越是带有欺骗性质的信息。所以，任何人试图“教育”你时，你都应该保持足够的警惕，如果你并不希望成为和他一样的人，你应该永远保持独立的思考。

案例1：你新到一家公司上班，领导安排你做一个PPT，要求三天完成。因为是你接手的第一项工作，你加班加点用一天时间就写完了。正当你打算把PPT交给领导时，一位资深的同事却好心劝阻你：“你现在交上去，领导肯定还会让你修改，不如拖到满三天再交上去，这样至少你明天和后天不用加班了。”你觉得应该听从他的劝告吗?

如果你只是追求一份养家糊口的工作，那你不妨听从他的建议，这样日子固然会过得轻松一点，但大概率你就会被固化在基层员工的队伍中，职业生涯也就是从一个菜鸟新员工进化成一个职场老油条而已。

但如果你有更高的追求，希望获得更多的晋升机会，那么你当然不应该听从他的劝告。只有不断精益求精，不断自我突破，才有可能获得破茧成蝶的机会。

案例2：你高考的分数达到了某所一流大学的分数线，但只能被调剂到冷门专业。父母建议你还是去一所二流的大学读热门专业，这样比较容易找工作，你应该听从他们的建议吗？

事实上，当你读完四年大学毕业之后，所谓的热门专业说不定已经变成冷门专业，而所谓的冷门专业说不定又成为热门专业。而四年的时间内，一流大学变成二流大学，或者二流大学变成一流大学的可能性几乎为零。

《人生七年》中的几个富家孩子为什么从小就明确要去剑桥和牛津，不仅因为名校有更好的学习氛围和更高的教育水平，也是因为从此之后的“朋友圈”和其他人不一样。一个人出校门后完全可能从事和自己的专业毫无关系的工作，甚至有些人在学校就改了自己的专业或辅修了第二专业，可你毕业的学校是终身无法改变的。

父母肯定是为你好的，但他们的“教育”未必是为你好的。只有独立思考的人，才有可能不被家庭出身所制约，从而取得更高的成就。

04 历史总是惊人的相似？

不少好莱坞大片中都会出现这样的情节，主角一觉醒来突然发现自己失去了所有的记忆，忘了自己的父母是谁，忘了自己是哪里人，甚至忘了自己的名字。设身处地来想，这实在是件恐怖的事情，因为从某一种角度而言，我们对自己所有过去的记忆构成了对现在的自己的认知，一个人失去了记忆，不啻失去了自我。

进一步而言，由于我们对未来的判断无不基于过去发生的事实。例如，我们之所以相信“明天太阳会照常升起”，必然是基于太阳过去每一天都会升起的事实。所以，失去了记忆，自然也就会失去对未来的判断能力。如果你彻底忘记了咖啡的味道，你又怎么判断面前的这杯咖啡是好喝还是难喝呢?

同样地，对于任何一个国家、任何一个民族乃至任何一个群体而言，历史就是他们的记忆，忘记了历史，就是忘记了自己，就是迷失了自己，也就更谈不上什么未来，败亡也就在所难免了。正因为如此，人们才会说：“以史为鉴，可以知兴替。”而雄辩的人，也非常擅于援引历史典故来佐证自己的观点。

但是，单纯从逻辑学的角度而言，仅以历史为据是不足以论证任何观点的。

第一个原因在于，我们所知的历史和真实的历史，有可能完全不是一回事。

可以这么说，任何一个人，对于自己参与的任何一个事件，都不会向别人百分之百地陈述全部的事实，而是会刻意放大那些对自己有利的细节，或者会刻意隐藏那些对自己不利的细节。这就难怪，历史常常表现出不同的面目。在不同国家、民族或是群体，对同一历史事件的记载，常常是迥然不同的。

第二个历史不足为据的原因是，即便是客观公正记录下来的历史事实，仍然可能存在着严重的谬误。这是因为古代人类的认知水平和科学知识有限，对一些历史事件的观察和评价，可能存在着严重的误读。这种误读有时甚至变成了常识，但究其本质仍然只是一种错误的偏见。

例如，你可能会觉得“太阳每天都会升起”这句话没什么错误，但从科学的角度而言，这种现象是由地球自转引起的，是地平线在下降，而非太阳在上升。尽管“日心说”早就战胜了“地心说”，但人们约定俗成的表达方式仍然没有改变。事实上，我们阅读到的历史书也不乏这样的表达，如果你仅仅从字面上的意思去理解它，你就有可能完全误读了历史。

第三个历史不足为据的原因，或许也是最重要的一个原因，时代的变化正在加速。从BB机到智能手机，从百货商场到网络购物，从刷卡支付到刷脸支付，一个事物刚刚出现不久，仿佛下一秒就会成为历史。

相对于地球的年龄，生命的起源就像24小时里的最后一秒；相对于生命的起源，人类的出现就像24小时里的最后一秒；相对于人类的出现，文明社会的形成就像24小时里的最后一秒；相对于文明社会的形成，人工智能的诞生就像24小时里的最后一秒。然而恰恰是这最后一秒的时间，决定了我们现在是怎样的，未来是怎样的。

正是基于上述三个理由，如果我们参照历史事件对当前的事物做出判断，恐怕多半会失之毫厘，谬以千里。

案例：曹操刺杀董卓失败后，遭到朝廷悬赏通缉，他和陈宫一起躲藏到友人吕伯奢家中。吕伯奢清晨出门办事，引发了曹操疑心，又因为听到吕家人磨刀霍霍的声音，以为吕家要对自己不利，于是和陈宫一起杀光了吕家人。直到看到绑在后院的肥猪之后，曹操才意识到自己误会了吕家磨刀的原因。他和陈宫仓皇逃出门去，途中恰好撞见沽酒归来的吕伯奢。吕伯奢问他们怎么这就走了，陈宫感到羞愧难当，曹操却一言不发将吕伯奢刺倒在地。陈宫愤怒地质问曹操为什么要这么做，曹操却回答说："宁教我负天下人，休教天下人负我。"

这能否证明，就像《厚黑学》中所说的那样，成大事者必然要心足够黑？

事实上，这个广为人知的桥段出自四大名著之一《三国演义》，小说的作者罗贯中明显偏袒刘汉政权，不免对曹操做了刻意的黑化。《魏书》中，却是另一番描述：曹操逃亡时和几个人骑马去找老友吕伯奢，刚好吕伯奢不在，吕伯奢的儿子和宾客共谋抢劫曹操一行人，结果曹操反击杀了数人。无论在古代还是在现代，这都算是正当防卫的行为，和是否心黑毫无关系。既然这个论据都有问题，论断自然是不成立的。

05 美即生活？

英国历史上最伟大的作家与艺术家之一，唯美主义的代表人物奥斯卡·王尔德曾经说过：“生活模仿艺术，胜过艺术模仿生活。”

尽管从逻辑上讲，艺术不可能凭空产生，必然源于生活，是对生活的一种“模仿”。然而，事实上我们日常生活中的诸多行为常常是对各类艺术的学习和模仿，对错是非的判断也常常简单地基于“美还是丑”。一部伟大的艺术作品甚至能影响一个时代，如新中国的第一部“吻戏”《庐山恋》就教会了一代中国年轻人如何谈恋爱，极大程度地影响了20世纪80年代的社会风俗。

之所以出现这样的现象，原因也很简单：“爱美之心，人皆有之。”而艺术是研究美的知识。哪一种艺术占据主流地位，哪一种审美观就会占据主流地位；而哪一种审美观占据主流地位，哪一种价值观就会占据主流地位。

然而我们必须意识到，艺术的表达未必符合逻辑，“美”未必代表“真”，更未必代表“善”。

《狗镇》是一部实验性先锋电影，其导演拉斯·冯·提尔凭借此片获得第16届欧洲电影奖最佳导演奖。他按照1∶1的比例在巨大的舞台上搭建了一个迷你小镇，却拆除了镇上所有房屋的门窗和屋顶。演员们就像身处真实的生活场景，他们的一举一动毫无保留地暴露在观众眼前，也将人性中最真实的美与丑暴露在光天化日之下。

影片中的故事发生在20世纪30年代美国大萧条时期，妮可·基德曼扮演的美丽女孩格瑞斯为了逃避黑帮分子的追逐，来到了一座隐藏在山脉中的只有十五户人家的贫瘠小镇上。在女孩承诺每日轮流为所有人家做一小时的义工之后，小镇居民友善地接纳了她，镇上的年轻牧师甚至和她坠入了爱河。

然而好景不长，当获知警察正在高额悬赏女孩的下落后，小镇居民的态度产生了微妙的变化，开始不再将女孩视为一个正当的、值得平等对待的人。镇上的果农甚至利用警察巡查的“良机”强奸了女孩，此后女孩每次到苹果地里做义工时，都会被迫与他发生关系。这一幕被果农的妻子无意撞见后，竟被解读为女孩勾引她的丈夫。不堪受辱的女孩试图在牧师的帮助下搭乘运输苹果的卡车逃跑，但旋即被司机和牧师出卖，又被送回了狗镇。

于是令观众出离愤怒的一幕发生了！在小镇居民一致投票决定下，女孩被戴上了拴有沉重铁块的狗链。她不但白天需要为每户居民加倍工作，晚上还要成为镇上男人的泄欲工具。女人们用恶毒的语言咒骂她，连小孩都以向她投掷石块为乐。最终，唯一还对她流露善意的牧师拨打了悬赏电话，彻底背叛了她。

让人大跌眼镜的是，来的不是警察而是黑帮，女孩也不是什么通缉犯，而是黑帮大佬的女儿。她因为对自己父亲的暴行不满，负气离家出走，甚至宁愿沦落到如此不堪的地步，仍然不愿向自己的父亲低头。尽管她在肉体上被凌辱和监禁，但她仍然认为自己在精神上是纯洁的，甚至是超然的。

于是，黑帮大佬给自己的女儿出了一道非常“容易”回答的选择题：要么接替自己的位置，成为新的黑帮大佬；要么挨枪子，他就当没生过这个女儿。女孩犹豫后终于接受了父亲的安排，而她上位后做出的第一个决定就是：“杀光狗镇所有的人！”

转眼之间，小镇燃起了熊熊大火，一个又一个的小镇居民被枪杀，甚至连果农家里尚在襁褓中的婴儿，都被黑帮喽啰用机枪打成了“马蜂窝”。至于那个口口声声说爱她却转脸就背叛了她的牧师，女孩亲手开枪，结果了他的性命。

故事到此就戛然而止了，大多数看完影片的观众本能地都会站在美丽的女孩格瑞斯这边，觉得这样的“神反转”非常地解气，那些禽兽不如的小镇居民活该得到如此的下场。

然而，让我们冷静地思考一下整个事件。我们会发现，尽管狗镇居民的暴行令人发指，但是单纯从法律角度讲，无论多大的仇恨也不应该祸及无辜妇孺，更不能动用私刑，甚至连摇篮中的婴儿都不放过。至于那个背叛爱情的牧师，尽管其虚伪得令人作呕，但被一枪毙命，以暴制暴，就是对的吗？

而且事实上，女孩有无数次机会表露自己的身份，从而阻止悲剧的发生。最初牧师让她到矿洞中躲避时，她可以说出自己是谁；果农意图强奸她时，她可以说出自己是谁；司机将她藏在货车上时，她可以说出自己是谁；铁匠给她戴上狗链时，她也可以说出自己是谁。然而，出于一种莫名其妙的高傲，她始终保持沉默。

果农在强奸她时，为自己的行为找了一个可笑的借口："因为你不尊重我！"这个貌似荒诞的借口，却恰恰道出了真相。女孩在内心深处，从未将小镇上的居民当成可以平等对待的人。小镇居民在肉体上将女孩当成了狗，而女孩在精神上把他们当成了狗，把自己当成了神。

如果我们理性地评估整个事件，我们会发现女孩和狗镇居民的行为都是"反智"和"反常"的，都是应该被谴责的，甚至可以说，女孩的行为更残暴，错得更离谱。然而仅仅就是因为妮可·基德曼的美与狗镇居民的丑，大多数观众在情感上自然偏向了女孩这方，甚至认为她是正当的，是一位审判魔鬼的天使。

从本质上说，这种基于"美丑"来做出是非判断的做法，所犯的也是典型的"诉诸情感谬误"。用简单的话说就是，"让人开心的就是对的，让人不开心的就是错的；看得顺眼的就是对的，看得不顺眼的就是错的；能引发正向情感的就是对的，能引发负向情感的就是错的”。这显然是不合乎逻辑的。

案例1：你非常喜欢摇滚乐，而你的爱人非常讨厌它，甚至说这简直是一种噪声。你应该如何说服他和你建立共同的爱好呢？

科学研究表明，人们往往会喜欢那些与自己心跳产生共鸣的音乐，反过来，音乐的节奏也会影响听者的心跳。喜欢快节奏音乐的人，往往自身的心跳频率较快，或是喜欢自己处于心跳加速的状态；而喜欢慢节奏音乐的人，往往自身的心跳频率较慢，或是喜欢自己处于心跳缓慢的状态。

因此，试图从逻辑上说服你的爱人喜欢摇滚乐几乎是不可能的。不妨先在他心情愉悦的时候，让他听听快节奏的音乐，慢慢让他喜欢上心跳加速的感觉，那么也许某一天他会自然地认为摇滚乐并没有那么难听。

案例2：有人说：“如果世界上没有牛顿，还会有别人发现万有引力；但如果没有莎士比亚，就没有人能写出《哈姆雷特》。可见，艺术家比科学家更有价值。”这个观点正确吗？

尽管只有莎士比亚才能写出《哈姆雷特》，但是一千个人眼中，就有一千个哈姆雷特。譬如，同样看了电影《古惑仔》，有人看到江湖热血，有人看到金钱暴力，有人看到屌丝逆袭，还有人则只看到“原来男人留长发也可以这么帅”。可见，独特的艺术作品产生的影响不一定是“独特”的，有时候它甚至会对观众产生艺术家从未期望产生过的影响。

法国著名画家乔治·布拉克曾经说过："艺术就是要让人不安的，科学才用来让人安心。"可以说，艺术和科学完全是不同领域的知识，艺术家和科学家之间也没有办法比较谁更有价值。

06　道德是个原则问题？

有两条铁轨，一条是新的，一条是旧的。有了新铁轨后，旧铁轨就废弃了，不再有火车通过。有一天，一群小孩到铁轨上玩耍。其中大多数小孩在新铁轨上玩，只有一个小孩在旧铁轨上玩，并提醒玩伴新铁轨不安全，应该到废弃的旧铁轨上玩。但是其他小孩没有听这个小孩的劝告，仍然在新铁轨上玩。突然一列火车开过来，眼看惨剧要发生了，还好千钧一发之际来了个扳道工。他要做出一个艰难的决定，火车一直在新铁轨上开要压死一群小孩，而将火车扳道，使之驶上旧铁轨，则只会压死一个小孩。不过那个在废弃铁轨上玩耍的小孩，是遵守交通规则的；而在新铁轨上玩耍的那群小孩，却没有遵守交通规则。如果你是扳道工，你会如何选择？

这是一个十分著名的道德困境问题，不少人在犹豫很久之后，都会选择“杀一救百”的做法。因为从简单的数字上来比较，一群孩子的性命显然比一个孩子的性命更为重要。

然而，这种做法显然是错误的！

试想一下，如果新铁轨和旧铁轨上都只有一个孩子在玩耍，你还会选择扳动铁道吗？我相信在这种情况下，你是绝不会为了拯救新铁轨上的孩子的性命而牺牲旧铁轨上的孩子的性命的。因为，在旧铁轨上玩耍的孩子没有做错任何事情，是一个完全无辜的人。无论什么理由，我们都不应该剥夺一个无辜者的正当权利，因为这样做才是真正的不道德。

进一步而言，道德不应该是某种陈旧的教条，也不是冷血的计算权衡，而应该是一种明智的选择，能够对人类未来的发展有所裨益。如果我们选择任由这一群犯了错的孩子死亡，固然是一个惨绝人寰的悲剧，但这也会警示其他孩子不要犯错。可如果我们牺牲了那个没有犯错的孩子，去拯救这一群调皮捣蛋的孩子，孩子们难免会得出这样的结论："只要我们是大多数就可以为所欲为，而少数人的利益活该被牺牲。"

人们总是默认自己是站在大多数人那一边的，但常常会忘了，某一天自己也可能成为无辜的少数人。如果我们简单地认为符合大多数人利益的行为就是道德的，我们就有可能做出侵犯少数人利益的不道德行为。如果我们任凭侵犯少数人利益的不道德行为发生，那么迟早大多数人乃至我们自己的利益也会被侵犯。

既然道德不等同于维护大多数人的思想和行为，那么道德究竟是什么呢？

在我看来，道德是人类在长期进化过程中自然形成的一种处理社会关系的全局最优策略，或者更直白地说，是一种通过牺牲短期自我利益，来实现长期自我利益最大化的解决方案。人们经常把道德的行为与利己的行为对立起来，但其实道德本质仍然是利己的，只不过长久以来的约定俗成掩饰了这种利己性。

在决策科学的研究中，专家们常常会提及“囚徒博弈”的例子。假设两个偷窃的同案犯被警察捕获，但其实检察官并没有直接证据。如果这两个囚徒不互相出卖对方，警方无法证明他们有罪，只能在拘禁1个月后将他们释放。所以聪明的检察官将他们分开审讯，并告诉他们每个人，如果出卖对方，而对方又没有出卖他的话，他便可以将功抵过当场释放，但被出卖的那一方将被判处1年的监禁。

这时，囚徒就陷入了一种信息不对称的困境，必须在出卖和不出卖中做出选择。纯粹从个人的视角出发，出卖对方显然是更好的选择。因为出卖对方最好的结果是当庭释放，最坏的结果是被囚禁1年；而不出卖对方，最好的结果只不过是被拘禁1个月，最坏的结果则也是被拘禁1年。显然前一个决策总体而言是更有利的，这也确实是大多数人在实践中的选择。由于双方都做了同样的思考，这个最优的决策却导致了最坏的全局结果——两个人都因为对方的出卖被判罪名成立，被监禁1年。

不过，这并不是故事的结束，而是开始。科学家基于囚徒困境设计了一个游戏，让大量的志愿者参试，随机地两两配对，然后反复重演这个决策过程。有趣的事情发生了，在经过十轮以上的博弈之后，奉行“不先出卖对方”原则的几名参试者，取得了明显更好的成绩。以利益最大化为目标的一系列行动，孕育出了一项基本的道德原则！

更加不可思议的是，这意味着只要时间足够久，即使在一群不遵守道德规则的人中，遵守道德的人仍然是最大的获益者！

事实上在日常生活中，这样的现象是可以普遍观察到的。“礼之用，和为贵。”遵守道德规范的最大作用，就是让每个人都有饭吃的“和”。如果群体中的每个人都愿意为彼此付出，群体利益就能实现最大化，达到所谓的纳什均衡。而群体中最受大家信赖和尊重的人，也往往获得最多的交易机会，从而获得了更大的个人利益。

因此，科学地说，伦理道德应该被视为一种认知的成果（也就是所谓的知识），而非一种高高在上的认知原则。它和数学、物理、历史、艺术等一样，都是可以后天学习的人类智慧的成果，而非人类先天具备的灵魂特质。

但是，大多数人的实际体验并非如此。他们觉得自己做出有道德的行为时，完全不是基于利害关系的考虑。这又是为什么呢？

心理学家们做过一个有点残忍的实验。把五只猴子关进笼子里，并在笼子边上挂了一串香蕉。只要有任何一只猴子胆敢摘下香蕉，实验者就用架设在一旁的高压水枪击倒所有的猴子。久而久之，这五只猴子都很识相地对香蕉选择了视而不见。

这时候，实验者将其中一只猴子放走，然后又关进来另一只猴子。新来的猴子不明就里，自说自话的就去摘笼边的香蕉，其余四只猴子赶紧上前阻止，胖揍了一顿新来的猴子，从而避免了被高压水枪洗礼的厄运。

随后，实验者又逐一替换了剩下的四只猴子，这下子笼子里五只猴子就成了都没有挨过高压水枪冲击的“新生代”。最后，实验者当着猴子们的面，撤掉了高压水枪，结果如何呢？我想你一定猜到了，仍然没有一只猴子试图去摘那串不会引发任何后果的香蕉。这个实验其实可以一直重复循环下去，最终无论笼子里换了多少批猴子，笼子里的五只猴子都不会去摘那一串唾手可得的香蕉。因为，任何一只新来的猴子试图摘香蕉时，都会被另外四只猴子暴打。

美国著名哲学家和心理学家艾瑞克·弗洛姆曾经说过：“人类的大脑已经进入20世纪，心灵却还停留在石器时代。”对于自然科学等其他知识的认知以及在享受科技带来的便利方面，我们堪称是与时俱进的。但对于伦理道德的认知，仍然如同那五只新来的猴子，知其然而不知其所以然，所以免不了墨守成规，贻笑大方。

这种对于道德本质的群体性无知，造成了一个严重后果。那就是几乎所有的成年人，都会经历克尔凯郭尔在人生三段论中所描述的伦理阶段，陷入一种道德上不自洽的痛苦与烦恼，觉得“自己应该做的”和“自己想要做的”存在着不可调和的矛盾。事实上，只有把自己对于道德的认知，提升到智慧的高度，才能在利己的基础上，将这二者达成和谐的统一，从而获得心理的平衡和安定。

对道德本质的无知，还酿制了另一杯苦酒，那就是“道德绑架”。总有一些人喜欢站在道德的制高点，要求我们无偿地放弃个人利益，然而他们这些振振有词的“道理”，其实毫无逻辑可言。

案例：某地方政府曾出台地方性法规，如果年轻人在公交车上不给老人让座，就处以50元的罚款。你认为这条法规合理吗?

提倡为老弱病残乘客让座，当然是好事。但这应该是道德问题，不是法律责任。如果年轻人没有占着老弱病残专座，那么“让座是情分，不让座是本分”，将之强行提升到法规高度，有“道德绑架”之嫌。

而且，这样“一刀切”的规定不合乎情理。设想一个是干了一整天体力活的农民工，另一个是退休在家歇了一整天的老人，到底哪一个更需要在公交车上坐下来休息呢？累瘫了的年轻人不给老人让座就应该被罚款吗？又或者老人只有一两站路，甚至他主动说自己不需要坐下，旁边的年轻人也应该被罚款吗？

事实上，由于当地市民的激烈反对，这条法规在施行不久后就被废止了。

07　消费有利于经济增长？

在经济学上，有一个著名的“破窗谬误”。

如果一扇窗户被顽皮的孩子打破了，就给修窗户的人创造了生意机会；而修窗户的人赚到了钱，有可能从裁缝那里买件新衣服；裁缝赚到了钱，又可以去屠户那里买肉吃；屠户赚了钱，就可以去买房子；卖房子的人赚了钱，就可以建造更多的房子，从而有更多的窗户。这样不断循环下去，就会实现经济增长。支持这套说辞的人甚至能找到自己的论据，例如，战败国中的德国和日本的经济都在第二次世界大战后得到了快速的恢复和发展，GDP反而超过了战胜国中的英国和法国。

但你是不是总觉得哪里不对劲？一个破坏行为，怎么可能反而变成一件好事呢？

问题出在开头，修窗户的钱是从哪里来的呢？很显然，这笔钱如果不花在修窗户上，而是直接付给裁缝买衣服，上述一连串的经济行为依然有可能发生，却避免了一扇窗子的损失。所以说，任何不创造财富的行为，其实本质上不会促进经济的增长。

那么，消费呢？一个人吃喝玩乐，难道会让他自己的财富增长吗？可为什么西方著名的经济学家约翰·梅纳德·凯恩斯认为，一个国家鼓励消费，经济会增长呢？

正确的答案是，经济指标会增长，但实际上对经济未必有好处。

目前国际上通用的经济指标，是由西方经济学家提出来的，叫作GDP（国民生产总值）。它是指在某一个时间段内，一个国家或地区的经济中，所生产出的全部最终产品和劳务的价值。所以消费增加，确实会导致GDP上升。但单纯GDP的增长并不意味这个国家的财富实现了真正的增长。

举个简单的例子，如果我把一块巧克力卖给你，过两天你又把同一块巧克力卖回给了我，这一块巧克力产生的GDP就翻倍了，社会财富却并没有因此有一点点的增加。这意味着GDP可以通过虚增交易环节来伪造和注水，通过电子商务减少中间环节反而会降低GDP。此外，GDP没有考虑对环境和不可再生资源造成的影响，一个地区竭泽而渔在短期内确实可以大幅提高GDP，却使该地区丧失了后续发展动力。而且，GDP也没有考虑产品的附加值。消费1000元足底按摩和购买1000元的无人机产生的GDP相同，但对社会带来的长远影响大不一样。GDP的另一个重大缺陷是没有涉及收入与分配，人均GDP只能告诉我们平均每个人的情况，但平均量的背后是每个人的巨大差异。

我国政府其实早就认识到了GDP这一指标存在的缺陷，近年来针对地方政府的考核，已经逐渐由唯GDP论英雄，转变为提倡绿色发展、可持续发展和高质量发展。

作为经济学的“发明人”，西方的经济学家和政府是不可能不明白这个道理的。但他们仍然喜欢不遗余力地在全球推广GDP这个经济指标，在全世界范围输出凯恩斯主义，通过广告和影视作品美化“消费主义”。其根本原因在于：鼓励全球范围内的老百姓消费（而非投资或储蓄），一方面能使老百姓更贫穷，更容易被控制，从而保证了资本家始终能雇用到足够的工人；另一方面也能让自己赚到更多的钱，从而保障了资本主义制度的稳定。

为了更好地理解这一点，我们可以想象一个与世隔绝的小岛上，存在着一个只有一座工厂的迷你资本主义国家。分析一下它的经济运行，我们就会发现在这种极端的情况下，工厂的所有工人就成了这个国家的主要消费者。而拥有工厂的资本家想赚到更多的钱，或者这个国家想增加自己的GDP，唯一的办法就是推动工人去消费。于是，资本家必然推动这个国家的领导人出台诸多刺激消费的政策。第一招是提供社保、医保等福利待遇，让工人敢于花钱；第二招是把存款利率降到0甚至负数，让工人不得不花钱；第三招是给工人办可以透支的信用卡，让工人有能力花钱。

然而，无论这个国家的领导人和资本家如何努力，这个国家迟早还是会陷入经济大萧条，GDP会停止增长，产品会积压滞销，反过来又会导致工人失业，造成社会动荡。这是为什么呢？原因很简单，除非资本家不赚钱，否则工人的收入必然不足以买下他们生产的全部产品，哪怕他们透支自己一辈子的工资也不够！

被称为“宏观经济学之父”的凯恩斯正是敏锐地发现了这一问题，对以马歇尔为代表的新古典学派“自由放任”经济学说提出了质疑和挑战，开创了经济学的所谓“凯恩斯革命”。而他的经济主张简单而言有以下两条：第一，大力推动世界范围内的自由贸易，既然自己国家的劳动者买不起自己国家的产品，那就想办法卖到其他的国家；第二，强调政府干预经济，采取赤字财政政策和膨胀性的货币政策来扩大政府开支，降低利息率，从而刺激消费，增加投资，以提高有效需求，实现充分就业。

凯恩斯的经济学理论确实帮助了以美国为首的一众资本主义国家，在第二次世界大战后走出了经济大萧条的阴影，实现了相当长一段时间的经济增长，他本人也一度获得了“资本主义的救星”“战后繁荣之父”等美称。然而，凯恩斯的措施并没有解决资本家攫取高额“剩余价值”这一根本性的问题，他的做法只不过是推迟或转嫁了经济危机，不但加剧了资本主义国家内部的贫富差距，也加剧了国与国之间的贫富差距。当全球劳动者都不愿意或收入不足以买下资本主义国家的全部产品时，繁荣的泡沫仍然会破灭。

在2008年的金融海啸爆发以后，西方国家惊讶地发现凯恩斯主义完全失效了，不但经济增长放缓，失业率高企，而且国内社会矛盾丛生。而2016年当选的美国总统特朗普所采取的贸易保护主义政策，更是对凯恩斯理论的彻底否定。可以说，目前没有一个西方的经济学理论能解决西方人自己的经济问题，更何况解决中国人的经济问题。

事实上，中国人在古代就有自己的一套“经济学”，非常简单，也非常实用。儒家经典《大学》中写道：“生财有大道，生之者众，食之者寡，为之者疾，用之者舒，则财恒足矣。”创造财富的根本原理在于：生产的人多，消费的人少，创造得快而消耗得慢。这样的话，财富就会永远充裕、不会枯竭了。

说得直白点，儒家的“经济学”就是两个字：“勤”和“俭”。勤俭持家的道理，无论是对个人、对家庭、对企业还是对国家，都是颠扑不破的真理。这两个字，是全世界公认的中国人最大的特点！但很遗憾的是，当代不少中国人似乎非常痴迷于西方“能赚会花”的经济哲学。无论在国内还是在国外的消费市场上，“能赚会花”都变成了“买买买”的代名词。

案例1：你的朋友在马路上随手扔了一块西瓜皮，你责备他不该乱扔垃圾，他却狡辩：“我这是在创造工作机会，促进经济发展。”你应该如何反驳他呢？

这其实是典型的“破窗谬误”。从表面上看，因为有人乱扔垃圾，所以才需要环卫工人来打扫，越多人乱扔垃圾，就需要越多的环卫工人来打扫，似乎乱扔垃圾真的促进了就业，拉动了经济。

但实际上，如果没有人乱扔垃圾，就不需要这么多环卫工人。这些劳动力可以去制造业或服务业创造更多的社会财富。即便没有找到合适的工作，他们也可以通过努力学习新的技能，实现更高质量的就业。

用归谬法可以轻松反证他的观点是错误的。你不妨对他说："按照你的说法，如果你不小心踩到西瓜皮上摔了一跤，去看医生也是增加就业、拉动经济吗？"我想你的朋友应该会无言以对，承认自己是诡辩。

案例2：你的朋友是个"月光族"，每次发完工资没多久就把钱花光了，你想劝他注意节约，他却说："连国家都在鼓励消费，如果我们不消费，工厂生产出来的东西就没人买；工厂垮了，我岂不是要失业？"你应该如何反驳他的观点呢？

显然，他是将合理消费与过度消费混为一谈了。由于社会化大分工的存在，你没有必要为了想吃鸡蛋就养一只老母鸡。专业的人干专业的事情，大家各自的成本反而更低，所以合理的消费确实是保障经济运行必不可少的一个环节。大家省下养鸡的时间，可以去做自己更擅长的工作，创造更多的社会财富，为自己赚更多的钱。

当你只需要吃一个鸡蛋，却吃掉了整只老母鸡时，你就是过度消费了。你的身体不但吸收不了过多的营养，反而会因此造成肥胖。这样不但造成了社会资源的浪费，而且对自己也没什么好处。所以你应该对她说，国家鼓励消费，是在鼓励合理的消费，而不是鼓励过度的消费。

第六章

为什么我们这么容易被“洗脑”

01 我思故我在？

“我思故我在”这句话从逻辑上讲当然是正确的。“我在”是“我思”的必要条件，所以，从“我思”能够推导出“我在”。通俗地讲，如果我自己的肉身不存在，那么我肯定不可能还有思想。所以，我既然有思想，就说明我的肉身是存在的。

但这个逻辑上正确的观点隐藏着一个哲学陷阱，就是所谓的“身心二元论”。“我在”的我是实体存在的我，而“我思”的我是意识上的我，所以，“我思故我在”的说法，刻意将肉体的我和心灵的我割裂开了。这个颇具迷惑性的说法是谁提出来的呢？他就是拥有“现代哲学之父”和“近代科学始祖”两大头衔的笛卡尔，他否定了唯心主义，但又没有坚定地投向唯物主义。他认为精神和物质是单独存在的，所以人的肉体和心灵也是分别独立存在的，并将之称为宇宙的第一性原理。

公允地说，“身心二元论”在教会当权的年代无疑是一种伟大的进步，因为它把神和人的事务分割开来。精神世界上帝说了算，物质世界科学说了算，从而让神学和科学相安无事了数百年。这套理论影响了无数的西方科学家，成为近代欧美精英阶层的主流哲学，连爱因斯坦在否定量子力学的测不准原理时，都脱口而出："上帝不掷骰子。"可见即便连爱因斯坦这样的大科学家，在内心最深处也不敢轻易否定神的存在，只不过他认为神无法干预科学的真理。

不过，当代科学早就证明了，人的思想意识只不过是大脑发出的电化学信号，并不能脱离物质基础而单独存在，也就是说，"身心二元论"完完全全是错的。普通人之所以有"身体"和"心灵"两个不同系统的直观感受，是因为人类大脑中确实存在两个分开的"神经回路"，一个关注的是身体，负责管理身体的动作；而另一个关注的则是心灵，负责内省（即一个人专注自我，反观自己的思想和情感状态）。在一些特殊状态下，如极度专注地思考、深入冥想、濒临死亡等，两个"神经回路"不能协同工作，会导致我们产生一种"灵魂离体"的心理体验，但这并不能证明精神是独立存在的。

有趣的是，绝大多数西方人似乎完全看不到这些自己发现的科学证据，仍然坚持把"心灵"作为独立的实体看待，并以此作为大众伦理的基础，激烈地反对"克隆""堕胎""安乐死"和使用动物做科学实验等行为，因为这样会摧残和亵渎"灵魂"。事实上，即使那些接受过高等教育的西方精英分子，只要没有摆脱"身心二元论"的影响，也很有可能做出"反智"的行为。

美国著名分子生物学家弗兰西斯 · 柯林斯，曾任美国国家人类基因组研究中心主任，领导过人类基因组计划(HGP)，目前担任美国国立卫生院院长。这样一位顶尖科学家，却在晚年成了一名虔诚的基督徒。

在其新书《上帝的语言》中，他提到了促使自己转变信仰的一位患病的妇人："她以其宁静地接受晚期癌症的做法，挑战了我的无神论，她把自己人生最后的一段经历看作一种与上帝的亲近，而不是疏离。"

在步步紧逼的死亡面前，我们往往本能地选择最有利于自己的哲学，而不是最正确的哲学。当发觉自己的身体正在不可挽回地衰老，我们难免会不由自主地开始考虑："我还有没有办法，保住自己的灵魂？"但事实上，如果我们真的在自己的肉身死亡后，灵魂仍然独立存在，那恐怕是一种惊悚的体验。

林语堂在其脍炙人口的名著《生活的艺术》一书中写道："我有时傻想，以为鬼魂或天使，如没有肉体，真等于一种可怕的刑罚：看见一泓清水，没有脚可以伸下去享受一种清新愉快的感觉；看见一盆北平或长岛的鸭肉，但没有舌头可以尝它的滋味；看见烘饼，但没有牙齿可以咀嚼；看见我们亲爱的人们的脸蛋，但我们无法把情感表现出来。如果我们死后的鬼魂，有一天回到这世间来，静静地跑进我们孩子的卧室，看见一个孩子躺在床上，但我们没有手可以爱抚他，没有臂膀可以拥抱他，没有胸部可以感到他身体的温暖；面颊中间没有一个圆的凹处，可以使他的头紧紧地挨着；没有耳朵可以听到他的声音，这种损失是多么可哀啊。"

失去了肉体的永生不死，大概只有被判处了终身监禁的苦役囚徒，才会对此感到满足。所以，人因为怕死而接受"身心二元论"的说辞，其实是一个自欺欺人的把戏。灵魂可以独立于肉体存在，这不符合科学，也不合乎逻辑，更重要的是，这一点也不美妙。

案例1：有人说灵魂与身体，就像计算机的软件和硬件，彼此可以完全独立。你觉得这种说法对吗？

这当然是错误的观点。事实上，软件不可能离开硬件而独立存在，即便它不是存储在计算机的硬盘里，也必然会存储在某个U盘或光盘里。它不可能离开硬件的存储介质而独立存在，就像人的心灵不可能离开肉体而独立存在一样。

案例2：最近，有硅谷“钢铁侠”之称的埃隆·马斯克宣布发明了脑机接口，通过一系列微小电极和传感器，可从大量脑细胞中捕获信息并将其无线发送到计算机以供分析。这是否意味着人的“心灵”可以被复制，从而在计算机设备上实现永生？

目前，马斯克的脑机接口实际上只能读取人类大脑中意识的很小一部分，即便未来的脑机接口能完全读取人类大脑的意识，这也只是相当于给意识拍了一张照片，也许这张照片是3D全息影像，和本体一模一样，但它毕竟只是一个复制品，并非本体。

一张照片，无论它是你身体的照片，还是你意识的照片，都是没有生命的。你的意识的“照片”可能永远存在，但这并不等同于你的意识可以永生。

02 存在的就是合理的？

西方哲学名著中有很多“烧脑”的作品，而存在主义宗师让·保罗·萨特的《存在与虚无》绝对是其中名列前茅的一本，仅仅看书名，就能让人感到云山雾罩，完全不知道他在说什么。但是不管怎样，在我们认知世界的过程中，“存在”和“虚无”确实是一对极为重要的概念，相当于我们中国人常爱说的“有”和“无”，而在现代认知科学中则相当于“对象”和“背景”。

老子在《道德经》中开篇所写的那句很拗口的名言：“道可道，非常道；名可名，非常名。”老子口中的“道”是指世界的本质，可道的“道”，即探讨世界的本质是什么的哲学。而“名”则是指对世界的定义和描述，可名的“名”，即探讨人类如何认知世界的哲学。

在老子眼中，我们人类所“看到”的世界的本质，以及认知世界的方法，都不是绝对的，而是相对的；不是静止的，而是变化的；不是保持“常”的，而是可以“易”的。世界，是可知的，而又是不可尽知的；是可言的，而又是不可尽言的。

很显然，“道”或者说是“世界的本质”，只是一种抽象的概念，也就是所谓的形而上学的东西，只能出现在我们的理性思维中，并不能被肉眼直接观测到。所以，我们只能通过“现象”来认识“本质”。

打个比方来说，“红”是一种“本质”，红色的光就是一种“现象”，你只能通过看到红色的光，在大脑中抽象出“红”。探讨一朵花是不是红色的，就是在研究红花的本质的“本体论”，也就是在研究所谓的“可道”；探讨如何从红色的光看到了这朵红色的花，就是在研究红花的现象的“认知论”，也就是在研究所谓的“可名”。

通过对一朵红色的花的观察，我们可以得到一个结论，红色的光是“存在”的。花自然反射的红光，是客观的，被萨特称为“自在的存在”；而我们大脑中反映出来的红光，是主观的，被萨特称为“自为的存在”。

发现了“存在”，就必然会发现它的对立面“虚无”，因为“存在”不可能孤零零地存在，在“存在”之外的现象，被萨特称为“虚无”。如果红是“存在”，非红就是“虚无”。由于人们是先观察到“存在”，再注意到“虚无”的（甚至是抽象地联想出来的）。所以，大家普遍会认为，“存在”是第一性的，“虚无”是第二性的，“存在”先于“虚无”。这其实是一个错误的观点。

同样一盘棋局，在对弈的双方看来是完全不同的图画。这完全取决于，你将“图画”的哪一部分当成了主要的“对象”，又将哪一部分当成了衬托的“背景”。人对于“存在”和“虚无”的判断同样如此。如果你注意的是红花，绿叶就成了“虚无”；可如果你反过来注意绿叶，红花就又变成了“虚无”。“存在”和“虚无”是一个掺杂着主观感受的认知结果，都只不过是一种“可名”而已，但从客观角度而言，它们是同时并立的，相互可以转化的。“存在”可以转化为“虚无”，“虚无”也可以转化为“存在”；“存在”可以包含“虚无”，“虚无”也可以包含“存在”。

老子在几千年前，就已经清楚地做出了解释，指出“有”和“无”这一对概念是“同出异名”的，并进一步指出，这一对概念，是“名”学（也就是认知论）中最根本和最重要的一对概念，所以说他们是“玄之又玄的众妙之门”。

“有无”的这种不分彼此、一体两面的关系，可以推演到更多的“名”的概念上，如“难易”“长短”“高下”“音声”和“前后”。它们两两之间都是相生相成的，并不存在先后的关系。提出“存在”和“虚无”谁先谁后的问题，无异于在问“先有鸡还是先有蛋”。事实上，蛋是还没有孵化的鸡，鸡是破壳而出的蛋。鸡和蛋本来就是“同出异名”的，怎么可能分出先后呢？

现代科学也证明，即便严格意义上的真空状态，也并非空无一物的“虚无”，而是充斥着真空能（又被称为暗能量、宇宙常数），甚至真空可以通过同时产生正粒子和反粒子的方式，凭空地“无中生有”。反过来说，一块看上去“存在”感很强的石头，在高倍的显微镜下，真空占据的“虚无”要比原子占据的“存在”多得多。所以，“有”中也生“无”。

当然，由于“存在”是对象，“虚无”是背景。人们难免会给予“存在”更多的关注，难免会用“存在”去定义“虚无”，把“存在”放在了过高的位置上。对于这种现象，老子说：“天下皆知美之为美，斯恶已；皆知善之为善，斯不善已。故有无相生，难易相成，长短相形，高下相倾，音声相和，前后相随。”人们往往只看到了“存在”，没有看到“虚无”；只看到了“对象”，没有看到“背景”；只看到了“有”，没有看到“无”。这样的认知是片面的，是“恶”的，是“不善”的。

萨特还提出了“存在”先于“本质”，由于传统的西方思想体系中，世界的本质是神决定的，所以，这无异于在说“人”先于“神”。这样的观点在当时有着巨大的进步意义，是对神学的批判，是一种以人为本的无神论思想。萨特于1955年访华，还在《人民日报》发表了文章，赞扬中国的“我为人人，人人为我”的精神是一种“深刻的人道主义”。近代中国人也普遍对萨特有着莫名的好感，他的存在主义思想对中国的知识分子有着深远的影响力。

然而，萨特的理论确实存在致命的缺陷，他将“存在”放在了过高的位置上，不仅认为“存在”高于“虚无”，而且认为“存在”先于“本质”，这就相当于在说“有”高于“无”，“名”先于“道”，“现象”先于“本质”，这怎么可能呢？

人类有一种独特的能力，那就是“反思”，或者说是“内省”，也就是说人能够把自我当成关注的“对象”，当我们处于这种状态时，非我的世界就成了“背景”；“我”就成了“存在”，“非我”就成了“虚无”。所以，包括萨特在内的每一个人，都有“我”先于“非我”这样的直观感受，然而这并不符合客观事实。辩证地说，“存在”和“虚无”并不是绝对对立的，“有”和“无”也不是绝对对立的，“我”和“非我”（世界或他人）不是绝对对立的，而是可以和谐共生的，彼此平等的。

萨特把“我”视为一种至高无上的自由存在，他的存在主义从本质上说，是一种个人主义，强调个人的绝对自由，反对外物（无论是神或是其他人）的限定。他断言：“人，不外乎是由自己造成的东西，这就是存在主义的第一原理。这一原理，即是所谓的主观性。”最后，他进一步提出了“他人即地狱”的观点，认为人类都生活在一个与自己对立的、失望的世界之中。而这种错误的观点也导致他在西方最终跌落神坛，由在世时的享誉盛名，到辞世后的毁誉参半乃至无人问津。

案例1：“人除了他自己认为的那样以外，什么都不是。”萨特以此作为存在主义的第一原则。在当今中国社会，也流行一种非常类似的论调：“走自己的路，让别人去说吧。”你觉得这样的观点正确吗？

萨特认为，在个人的生活中，一切过去的情况，都是可以在未来改变的。所以，永远别用固定的“本质”来限定自己，自己在这一刻是自由的，选择改变，选择否定，或者选择维持现状，这都是选择，是自己的存在。所以，对于人来说，“存在先于本质”，人有绝对的自由。

但事实上，这种思想只不过是一种脱离实际的美好幻想。无论你多么自以为是，你都完全可能“什么都不是”。而如果你真的随便别人怎么说，都走自己的道路，多半最后会无路可走。因为，人是社会的动物，极难脱离人群而独立生存，更无法摆脱对自然环境的依赖和自己先天基因的制约。所以，客观现实是，“存在”和“本质”相互依存、相互制约，人只有相对的自由。

案例2：你的朋友喜欢熬夜玩游戏，你建议他改掉这个坏习惯，他却回答你：“存在的就是合理的，既然存在着这么多人熬夜玩游戏的现象，就说明这个现象是合理的。”你该怎么反驳他呢？

“存在即合理”是辩证法大家黑格尔的名言，他所说的“合理”在哲学上的意义是“可以被归因”，通俗地讲就是“有原因的”。“存在即合理”可以被理解为中国人常说的“事出必有因”，也就是说，既然存在着很多人熬夜玩游戏的现象，那么这种现象必然是有原因的，这才是“存在即合理”这一论据所能推导出的正确观点。

然而，由于中文的“合理”经常被理解为“必要的、恰当的、可以理解的、可以被允许的”。很多人都把“存在即合理”理解成：存在先于一切。于是他们就把黑格尔的名言篡改成了存在主义的观点，这实在是贻笑大方。

03　世事无绝对?

“上帝死了”，是西方现代哲学的开创者之一弗里德里希·威廉·尼采的名言。对于素有无神论传统的中国人来说，听到这种对基督教文化赤裸裸的批判是颇有些“吃瓜看戏”的感觉的。但实际上，这位自命为“太阳”的哲学家所倡导的虚无主义思想，不但给西方带来了灾难性的后果，也对当代中国人产生了诸多消极的影响。

尼采生活在19世纪下半叶。在当时的德国，基督教处于至高无上的统治地位，他自己也出生在一个牧师家庭。尼采对于基督的反叛和抗争，并不是因为他信仰科学才选择了无神论，而是因为他反对一切权威，反对一切传统，反对“最高价值”或者说“绝对真理”的存在。事实上，正是因为他认为上帝就是“最高价值”和“绝对真理”，他才会高呼“上帝已死”的口号。他借狂人之口，说自己是杀死上帝的凶手，指出上帝是该杀的。可是，如果他不承认上帝曾经“活”过，自己又如何能杀死上帝呢？上帝若是不存在，又如何该杀呢？所以，尼采的反基督其实进行得并不彻底，从某种角度讲，他甚至是在暗示大众，上帝是存在的。因而，尼采的哲学并非是一种科学的哲学，也并非一种理性的哲学，它更像一种被压抑了的自由意志（尼采将之称为权力意志）的宣泄，也恰恰是这个原因，它才能吸引如此之多的粉丝。

如果“最高价值”都不存在了，其他的任何价值都将不复存在。如果“绝对真理”都不存在了，其他的任何真理也都不存在了。所以，尼采藐视世俗政权，批判理性的哲学，甚至反对一切传统的道德观。最为典型的一个例子是，几乎世界上所有宗教和伦理系统都认可“人人生而平等”的观念，尼采却认为：“人并不平等，他们也不会变平等！”他否定男女是平等的，说出了那句被女权主义者记恨终生的名言：“你要到女人那里去吗？别忘了带上你的鞭子！”他也否定不同社会地位的人是平等的，声称“对高等人是营养和愉悦的东西，对非常不同的低等人一定接近于毒药”。他甚至否认不同种族是平等的，并提出了所谓的超人理论：“超人是人类生物进化的顶点，是人类物种中最优秀的部分。他高踞于整个人类之上，而不能混同于平庸的群体，是人类、社会、民族不平等的见证。”

尼采认为鼓吹人人平等并无正当性，因为这种概念有碍于人整体素质的提升。他形容“平等的说教者”是“毒蜘蛛”，并在反对平等的基础上，进一步反对民主的思想。他认为“民主运动是基督教运动的继承人，而这背后又有弱者想把强者的价值也拉平的心态在作祟”。所以我们不难理解，为什么尼采最忠实和最出名的“粉丝”是一个叫作阿道夫·希特勒的独裁者。

希特勒可谓是尼采思想的坚定践行者，他常常把尼采的名言挂在嘴边：“强人的格言就是：别理会！让他们去唏嘘哭泣吧！夺取吧！我请你只管夺取！”据说德国参战的士兵，背包中必备两本书，一本是《圣经》，另一本就是尼采的《查拉图斯特拉如是说》。尼采在这本书中将所谓的劣等人群称为“群畜”，而希特勒将这一思想发挥到了极致，导致了无数犹太人惨死在纳粹的屠刀下。

尽管我们相信，尼采自己并没有期盼自己的思想会酿出如此的苦酒，我们却可以判定，他所代表的虚无主义思想确实是“反人类”的。尼采认为所谓价值、观念、真理都仅仅是人为的解释，世界本身并没有绝对的真理及终极的价值或意义。虚无主义否定了一切目的性，否定人存在的价值，认为人生是毫无意义的。

在“二战”结束后，尼采的虚无主义思想直接导致了西方“垮掉的一代”和嬉皮士文化的诞生。这些年轻人之所以迷惘，之所以对社会发展表现出一种极端的失望和不满，是因为传统价值观念似乎完全不再适合战后的世界，可是他们又找不到新的生活准则，因而对一切都态度消极。他们蔑视社会的法纪秩序，反对一切世俗陈规和垄断资本统治，抵制对外侵略和种族隔离，讨厌机器文明，他们永远寻求新的刺激，寻求绝对自由，纵欲、吸毒、沉沦，以此向体面的传统价值标准进行挑战。

随着中国的改革开放，西方的这股虚无主义思潮通过影视作品等文化载体流入了中国，对当时的年轻人产生了不可估量的影响，他们喜欢“无厘头式”的搞笑，并以“后现代主义者”自居。国内一位佚名的虚无主义者曾这样描述自己的感受：

“时至今日，已无任何口号可以激励我奋勇争先，已无任何美好明天能够说服我悬梁刺股，因为我明白了我们都是虚无的，我们所看重的、赋予其价值的、争破头的东西也是虚无的。

“从前的我不是这样的。那时候的我被好胜心和虚荣心支配，被完美主义操纵，不用任何鞭策就能咬住一个目标不松口，随便哪句热血的台词都能令我念念不忘。为了拿第一而拿第一，为了奔跑而奔跑，为了前进而前进，因为只做不想，倒也落得单纯高效。如果能一直这样活下去，或许会收获更多世俗意义上的成功，虽然如同机器一般。

“可如今我明白了一些事情，不知是幸还是不幸。我深刻地了解了生而为人的渺小和无力，我感知到了命运的混乱与不可控制，我知道上面的人看我正如我看下面的人。我无法抗拒地陷入了虚无。意外的是，这让我感到了前所未有的放松。”

然而，这种“放松”是有代价的！代价就是在命运的波涛里随波逐流，代价就是度过毫无意义的一生。当你面对人生的关键选择时，你会认为无论自己做出怎样的选择都会后悔，所以，随便选择一个就好了。而事实上，如果连你自己都觉得自己的人生是没有意义的，这样的人生当然会变得没有意义。

不少有识之士在分析当代中国人为什么如此浮躁和迷惘时，都会评价一句："当代中国人似乎失去了信仰。"他们所说的信仰，其实并非是一种宗教的信仰或哲学的信仰，而是一种对"绝对真理"存在的信仰，对"最高价值"存在的信仰。要建立这种信仰是殊为不易的，然而，所谓信仰不就是这么一回事吗？你看不见它，摸不着它，却坚定地相信它是存在的。

而以尼采为代表的虚无主义就是要彻底否认信仰存在的意义。有趣的是，虚无主义的核心主张实际上包含了一个自相矛盾的逻辑谬误，这使虚无主义的其他所有推论都失去了理论上的支撑点。假如世界上真的没有绝对真理，那么，"世上没有绝对的真理"这句话本身，就会成为绝对的真理！

案例：尼采有一句名言："世界上没有事实，只有解释。"你觉得他说得对吗？

这是虚无主义的另一种终极表现形式，如果你觉得人生都是毫无意义的，那么人生中所遭遇的一切事物自然都是毫无意义的。把最高价值虚无化，你就把所有的价值都虚无化了。既然什么事物本质上都是没有价值的，那么你就可以随意定义它的价值。因此，虚无主义者很容易得出这样的结论：你对一件事物的解释，高于这件事物本身的实在，甚至它的实在也是虚无的，你的解释尽管也是虚无的，但更有意义一些。

这样的观点确实是极难被驳倒的，因为它放弃了真理唯一的标准，那就是"客观事实"。当没有了唯一正确的标准时，任何标准都可以随意被说成是正确的标准。所以，同样属于虚无主义者，他们完全可能持有截然相反的观点。与其和他们辩论，不如让他们自己和自己人辩论。

04 世界的本质是简单？

记者在采访一位著名的F1方程式赛车手时，询问他为什么选择如此危险、刺激的职业，这位赛车手回答："我觉得只有如此，才能让我的心平静下来。"这句看似自相矛盾的话，其实有它内在合理的逻辑。因为随时有生命危险，所以不得不全神贯注；因为专注，所以内心自然而然地会平静下来。

在这个喧嚣、嘈杂的社会中，不少人也意识到心灵的浮躁是自身烦恼的根源。于是求助于佛道之流，参禅打坐，回归所谓极简的生活，甚至追求所谓的无欲无求。然而，想用这种方式平复自己不安的灵魂，无异于南辕北辙，完全走错了方向。

日本女作家山下英子写过一本"现象级"的畅销书《断舍离》，解读了对稻盛和夫、宫崎骏等影响至深的"减法哲学"，在中国也有一大批狂热的拥趸。我们在真实生活中却发现，不少人在实施了所谓的"断舍离"，扔掉了家中大量的旧物之后，不到半年时间，又刷爆信用卡，买回了更多的新物件。这就是因为迷信《断舍离》，崇拜"减法哲学"，完全本末倒置了。真正的智者，是因为专注于自己的目标，才自发地"断舍离"；是因为专注于做某一个领域的"加法"，才自发地在其他领域做“减法”。

不少艺术家常常因为醉心于创造，而疏于打理个人形象，留发蓄须也是常有的事。可如果有人以为坚持不刮胡子与不剃头发，就能成为艺术家，那就“滑天下之大稽”了。穿再多次的黑色圆领衫，也无助于你成为乔布斯；穿再多次的T恤衫，也无助于你成为扎克伯格；穿再多次的黑色西装，也无助于你成为奥巴马。

学习乔布斯，不去学他如何专注于开发完美的产品，却去顶礼膜拜他极简的生活作风；参禅念佛，不求勇猛精进，却一味在“断舍离”上耗费工夫；想要追求理想的生活，不求言行上的至善，却一味在“极简”上纠缠不休。这些做法，无疑都是舍本逐末。

一些杰出人物之所以显得“知足常乐”，恰恰是因为他们格外地“不知足”。一位画家，如果醉心于艺术，完全把心思放在自己的作品上，他完全有可能对世俗的一切显得“知足常乐”，但前提是，他必须对“美”格外地“不知足”！同样地，一位科学家，如果醉心于研究，完全把心思放在自己的学术上，他也完全有可能对世俗的一切显得“知足常乐”，但前提是，他必须对“真”格外地“不知足”！

被誉为儒家“复圣”的颜回，孔子称赞他说：“一箪食，一瓢饮，在陋巷，人不堪其忧，回也不改其乐。”他的乐是“穷居陋巷”的“知足”吗？错了，他的乐是“贫亦不改其志”的“不知足”！一个心灵无比丰富的人，才能真正甘于物质的匮乏；一个专注在自己的“不知足”上的人，才能成为别人眼中“知足常乐”的人。

杨绛先生是钱钟书先生的爱妻，也是近代著名的才女，她在自己的百岁华诞时曾说过：“我们曾如此渴望命运的波澜，到最后才发现：人生最曼妙的风景，竟是内心的淡定与从容……”杨绛先生的一生可谓著作等身，百岁时依然笔耕不辍。所以，她并不是通过无欲无求寻找到了内心的淡定和从容，恰恰相反，她是通过超人的热情和不懈的追求，才达到了这样的心灵境界。

放纵自己的欲望是错误，压抑自己的欲望同样也是错误，正确的做法是管理自己的欲望，引导自己的欲望，使之专注在自己所期望的方向上。

诸葛亮54岁时写给他8岁儿子诸葛瞻的《诫子书》中说道，“非淡泊无以明志，非宁静无以致远”。其实，这番话反过来讲更有道理：非明志无以淡泊，非致远无以宁静。

案例1：有人说，苹果手机的设计界面简洁，品类不多，却具有国际领先地位。这说明“少即是多”，极简主义是其成功的诀窍。你认同这样的观点吗?

苹果手机横空出世时，最吸引消费者的其实是它强大的功能，与当时其他手机只有简单的通话和短信功能相比，苹果的功能可谓是异常复杂的，拍照片、听音乐、看视频、玩游戏、上网冲浪，简直可以说是无所不能。如果这样的手机界面做得很复杂，操作很麻烦，那估计没有几个用户能学会使用。

从某种角度来说，苹果手机的界面设计简洁是一种不得已的行为，是为了其强大的功能服务的。与其说“少即是多”，不如说“少是为了多”。

案例2：你发现了一个好的商业机会，想要自己创业。但你的爱人劝你说：“‘祸莫大于不知足’，打工赚点工资也不错，何必非要自己当老板呢？”

老子有云：罪莫大于可欲，祸莫大于不知足，咎莫大于欲得。这诚然是颠扑不破的真理，人类的罪恶莫不与欲望有关，人类的灾难莫不与不知足有关，人类的过错莫不与想要得到某些事物有关。

然而，反过来看这些道理岂不同样成立？人类的繁荣莫不与欲望有关，人类的进步莫不与不知足有关，人类的成功也莫不与想要得到某些事物有关！人没了欲望，还会吃饭、睡觉吗？还会娶妻生子吗？还会有活下去的念头吗？如果所有人凡事知足常乐，社会怎么会有进步？科技如何发展？发生了自然灾害如何抵御？

所以，“不知足”既是祸根也是福源，“不甘心现状”只是人之常情而已，既不值得表扬，也不值得批判，不能作为你“是不是应该创业”的评判依据。

05　善有善报，恶有恶报？

因果和轮回，是佛家的两大哲学核心，通过二者的彼此支撑，构成了一个表面上自圆其说的哲学体系。“善有善报，恶有恶报，不是不报，时候未到。”如果你一直努力做好事，却晚景凄凉，佛会让你等到下辈子再试试；如果你老实巴交，却遇到了飞来横祸，佛会说这是你上辈子行差走偏的缘故。

到了科技如此发达的现代，相信轮回转世的“吃瓜群众”自然是寥寥无几了。但有些奇怪的是，与之相依为命的“因果观”仍然大行其道。“善有善报”的佛学内核披上了心灵鸡汤和成功学的“马甲”，依旧圈粉无数，成了当今流行哲学中最大的毒瘤。但是，人们最终必然发现，那些曾点燃梦想的文字，其效果不过相当于一支香烟，亢奋之后反是更深的倦怠。

“善有善报，恶有恶报”包含着一层潜在的意思：“我们做好事，是为了得到好的结果；我们不做坏事，则是为了不得到坏的结果。”而这种重“利”的价值观，正是儒家思想所极力反对的，是一种不折不扣的小人哲学。儒家的启蒙读物《增广贤文》中写道：“但行好事，莫问前程。”通俗地讲，就是让我们只管去做好的事情，不要去问结果如何。这就是儒家重“义”的价值观，一种自古在中国就更为“正统”的哲学。

孟子曰：“求则得之，舍则失之，是求有益于得也，求在我者也。求之有道，得之有命，是求无益于得也，求在外者也。”有些东西，只要我们愿意去追求，就一定能得到，如“义”，这是内在自我掌控的事物；而另外一些东西，我们无论如何努力，能否得到也要依靠运气，如“利”，这是外在因素掌控的事物。

所以说：“君子素其位而行，不愿乎其外。”儒家倡导的是，做好自己本分内的事情，不要把期望寄托在自己之“外”的地方，因为那里是“利”的管辖范围。“君君，臣臣，父父，子子。”领导做好领导该做的事，下属做好下属该做的事，父亲做好父亲该做的事，儿子做好儿子该做的事。每个人都做好“在我”的“义”，而不要去追求“在外”的“利”，这样的处世哲学才是符合道德的，事实上也是更智慧的。

如果你追求“利”，你的快乐便不由你决定。即便你得到了“利”，你的欲望又会让你追逐更多的“利”。所以，小人有终生之忧，而无一日之乐。而如果你追求“义”，你的快乐便是你自己说了算的事情。即便你暂时损失了“利”，你仍然可以拥抱“义”。所以，君子有终身之乐，而无一日之忧。

佛家的因果哲学重“结果”，儒家的素位哲学重“过程”。追求好的结果的人，未必能得到好的结果；追求好的过程的人，结果却往往好得出人意料。

案例1：你们公司的箱包产品滞销，老板却决定加价出售，你会觉得老板失去了理智吗?

一般人都会认为，价格下降会促进销量的提升，提高价格则不利于销售。但如果将之当成不可突破的金科玉律，这就是过分迷信因果论了。如果你们公司的产品品质明显优于其他品牌，一味地降价反而会损害品牌形象，而降价引起的利润下滑，又势必导致产品的质量下降，反而使自己的产品泯然于众，失去长期竞争力。

某知名国际品牌的箱包厂商刚进入中国时产品陷入滞销，新任的总经理就是通过连续调高产品售价，与其他箱包品牌形成明显的价格差异，从而打开了中国市场，成为中高端箱包产品的代名词。而超额的利润也使这家公司投入了更多的研发费用，设计出了更好的款式，提升了产品品质，从而形成了良性循环。

案例2：你的女朋友在公司受到了上司的性骚扰，但她不好意思声张，只是找了一条自我安慰的理由："多行不义必自毙，这样的上司迟早会倒霉的。"你觉得她这样想对吗?

迷信因果论的人，最终都会陷入宿命论。多行不义的人确实有大概率会受到社会的惩罚，但要说他们"必自毙"可就真的未必了。福克斯前CEO罗杰·艾尔斯骚扰过起码20位女性，可谓是数十年如一日地性侵女性，而直到担任福克斯王牌栏目《真实的故事》主持人11年之久的女主播卡尔森向法院提起性骚扰诉讼，艾尔斯才受到了严厉的惩罚——支付其2000万美元作为赔偿，并进行公开道歉。

对于任何一个处于弱势群体的人来说，在受到侮辱和不公正待遇时，如果不敢为自己发声，而是寄希望于“命运的裁决”，那么很有可能会永远受到侮辱和不公正待遇，永远沦为弱势群体。

06 眼见为实，耳听为虚？

英国哲学家、教育家约翰·洛克认为“我们的一切知识都是建立在经验之上的，而且归根结底是来源于经验”，认为心灵就像白板，心灵中的一切知识来自对事物进行观察而获得的感性经验。这种观点就是所谓的经验主义，亦称“经验论”，认为感性经验是知识的唯一来源，一切知识都通过经验而获得，并在经验中得到验证。

对于普遍接受唯物主义观念的中国人来说，是极容易认同“经验论”的。毕竟，亲眼所见的东西、亲身经历的事情是最值得信任的。而且，一切与客观事实不符合的理论与观点必然是错误的。

但问题是，我们看到的客观事实就是真正的客观事实吗？

其实人们很早就发现了，眼睛常常“欺骗”我们。例如，电风扇一般只有三片形如螺旋桨的扇叶，但当你打开电源，会发现电风扇的扇叶越变越多，四片、五片、六片，最后似乎变成了无数片。

科学上，这种现象被称为“余晖效应”，是在 1824年，由英国伦敦大学教授皮特·罗葛特提出的。他认为，人眼在观察景物时，光的作用结束后，视觉形象并不会立即消失，而是会形成所谓的“后像”，残留大约0.1秒的时间，视觉的这一现象又被称为“视觉暂留”。

中国人早在秦汉时期就发现了这种所谓的“视觉暂留”现象，并根据这个原理制作了盛行千年的超级“玩具”—— 走马灯，引领了全球娱乐业的发展。在八个方向的壁纸上分别绘制不同的骑马武将，然后用人力或蒸汽转动走马灯，在烛光剪影中，我们就看到了一部“秦军夜溃咸阳火，吴炬宵驰赤壁兵”的战争大片。

如果你用录像机把电视节目录制下来，用最慢的速度播放，你就会发现，行云流水一样的动作画面，只不过是一幅又一幅的图片而已。我们现在看到的电视节目乃至影院中的好莱坞3D大片，都只不过是“强化版”的走马灯。

不但我们的眼睛会“欺骗”自己，我们的耳朵其实也会“欺骗”自己。

请你抬起手，在自己的眼前打一个“响指”，就可以轻松地验证。请问，你是在看到打“响指”动作的同时，听到“响指”声音的吗？然而，光的速度约为300000000米/秒，声音的速度大约是340米/秒，二者的速度相差约88万倍，它们怎么可能同时到达你的脑海中呢？

如果你认为这是“手太短”，才导致自己产生错觉。那你只能去打电话，咨询一下曾经参加过赛跑的朋友，问他一个奇怪的问题："起跑时，你是先看到发令枪的烟火，然后听到枪响的吗？"我想，你的朋友肯定会同样奇怪地回答你："当然是同时，你在想什么呢？"

脑神经科学家戴维·伊戈尔曼的著作《可塑性：大脑如何重新自我配置》指出，大脑在接收到外部信号时，通常要等待0.1秒再统一处理，从而让身体传来的各类信号"同步"。原来，我们的经验并不是一场现场直播，而是一场延迟了十分之一秒的、经过"剪辑"的实况录像。

所以，我们看到的客观事实永远不可能和真正的客观事实完全一致，而且由于我们的大脑总是事先对接收到的所有信号进行"预处理"，我们的感性经验也不足以作为知识的唯一来源和唯一判断标准。

地球正在不停地自转，而我们的感性经验是大地安稳不动；水是由不连续的原子构成的，而我们的感性经验是江河连绵不绝；时间在光线中是停滞的，而我们的感性经验是时光飞驰如电。

可以这么说，我们认知客观世界的过程，就像一个画地图的过程，我们将现实描绘成一幅"心智地图"。正如世界地图与真实的世界必然存在差异，我们的认知，或者说我们大脑中的这幅"心智地图"，也必然和现实存在着差异。有些差异源自测量的误差，还有些差异则根本就是我们自己主观故意造成的。

设想一下，有可能存在一张1∶1比例的世界地图吗？事实上，任何一张和真实世界完全一致的地图都是不可能存在的，即便存在，对我们也毫无意义，因为地图本身就是用来简化和抽象地理信息的。同样地，我们的“心智地图”也是用来简化和抽象现实的，所以，必然存在一定的变形。我们必须追求真知，但同时必须认识到，“失真”是永远存在的，我们只能不断地减小它，但不可能完全消除它。

案例1：你想带几个朋友一起去全聚德吃北京烤鸭，其中一个朋友却说：“北京烤鸭名过其实，我吃过了，一点儿都不好吃。实践是检验真理的唯一标准，这说明北京烤鸭其实并不好吃。”你该如何反驳他呢？

实践不仅是检验真理的标准，而且是唯一的标准。然而，“北京烤鸭好不好吃”只是一种基于个人喜好的判断，谈不上是不是真理；个人一次品尝烤鸭的经验，更不是大众千锤百炼的实践。你朋友的这种说法，是用个人经验作为判断是非的唯一标准，是典型的“实证主义谬误”。

你可以半开玩笑地对这位朋友说：“也许你上次没‘实践’对地方，全聚德的烤鸭可是入选国宴的，我们再一起到那里检验一下真理吧。”即便他说自己上次去的就是全聚德，你也可以这么说：“一次实践就能检验真理了？要多实践几次才行吧？科学实验还需要反复做呢？我们为什么不再去实践一次，说不定这次你会检验出不同的真理。”

案例2：你的爱人回家后对你说：“真的是眼见为实，耳听为虚啊！听别人说小李孝顺，但我亲眼看到的情况根本不是这样。她和她妈妈一起出门，大包小包都是她妈妈拿着，她自己一个人空着手远远跟在后面，这能叫孝顺吗？”你能百分之百地确定你爱人的观点是正确的吗？

这种只凭个人的经验观察就得出最终结论的做法，就是典型的“实证主义谬误”。会不会有这种可能呢？小李的母亲得了严重的老年痴呆症，已经把小李当成了陌生人，所以出门时不肯让小李帮忙拿东西。而孝顺的小李又不放心母亲一个人出门，所以才远远地跟着自己的母亲。

由此可见，为了做出正确的判断，应该谨慎地、多角度地观察问题，应该反复地亲身实践，而不是盲目地相信“眼见为实，耳听为虚”。

第七章

不讲道理的人的道理是从哪里来的

01　“骗子”和“傻子”的较量

不知从何时开始，网上流行一句话：“现在骗子太多了，傻子明显不够用了。”

说实话，第一次听到这句话时，我是很不以为然的。因为在我们日常工作和生活中，接触的大多数都是老老实实赚钱的本分人，并没有什么“骗子”。我接触到的大多数人，也都是有过高等教育经历的都市白领，明显也没有什么“傻子”。

然而，前几年发生的一件事，完全改变了我的看法。

我有一位读过名校MBA的朋友，在某家国有银行做客户经理，娶了一名退役的空姐，儿子刚刚出生没多久，可谓是过着大多数人梦寐以求的幸福生活。

有一次他请我吃饭，向我推荐一款年化收益率20%的理财产品。当我得知这款产品不是他工作的银行的自有产品，而是某一个合作第三方公司的产品时，我以风险太高为由回绝了他。

后来，我才得知他跳槽去了这家公司担任上海分公司经理，不但年收入比在银行工作翻了几番，达到七位数，而且据他自称，他通过投资自己公司理财产品所得的收入，甚至比自己的工资还要高。

他的不少亲朋好友都跟着他一起做了投资，其中也有一些是我和他共同的朋友。

事实上，我也一度十分心动。因为参与投资的人连续三年都拿到了稳定的收益，而且他给我看了这家投资公司的相关金融资质，以及多家国际机场的股权证明文件，互联网上关于这家公司的报道也大都是一些溢美之词。一切似乎都在说明，这是一个难得的“低风险、高回报”的投资机会。

然而2015年年底的时候，这家投资公司突然停止发放收益，接着连正常的兑付本金都没办法做到。在愤怒的投资客户的围攻下，我的这位朋友不得已报了警，而他万万没想到，警方以涉嫌“非法吸收公共存款”的罪名逮捕了他，甚至连他手下的一些总监和经理都锒铛入狱。

而最可笑又最可悲的是，他自己购买公司理财产品的金额，也被计算在“非法吸收公共存款”的犯罪金额中，成为量刑依据的一部分，真的是应了一句俗话：“自己花钱买罪受。”

在同情这位朋友和庆幸自己没有上当受骗之余，我也不由得思考这样一个问题：“是不是在信息大爆炸的今天，由于新生事物的不断涌现，世界已经变成了一个‘骗子’和‘傻子’的竞技场？”作为一个“既非‘骗子’又非‘傻子’”的普通人，如果不提高自己鉴别信息真伪的能力，也完全可能像我的那位朋友一样，变成一个“既是‘骗子’又是‘傻子’”的可怜人。

我们的每一次阅读、每一次转发、每一个点赞、每一次购买甚至说出的每一句话，都可能是一场“骗子”和“傻子”之间的较量。尽管我们并没有存心故意地欺骗，却可能成为传播虚假信息和错误观念的帮凶。表面上互联网和智能手机能让我们变得无所不知，但实际上却让我们变得更容易被愚弄。

有了这样的视角，我逐渐发现，在日常的工作和生活中，这样的较量确实是无所不在的。一些人讲的东西明明完全没有道理，或者不合逻辑，另一些人却被说得哑口无言，甚至心甘情愿地接受“洗脑”。轻则花了冤枉钱，交了不应该交的“智商税”；重则在人生重要的关头做出了错误的决策，事后往往悔之不及。

那么，这些没有道理的人的话，为什么你听着会觉得这么有道理呢？概括起来，无非有三种情况。

第一种情况是对方的说辞中包含着逻辑谬误，而你缺乏批判性的思维，不但没有识破它，反而被对方误导，陷入了对方的逻辑陷阱。例如，如果对方说：“我连续三年没生病，所以我第四年也不会生病。”你会知道他讲的话不符合逻辑。但如果他说：“我卖的理财产品连续三年都有20%的收益率，所以第四年也会有20%的收益率。”你却误以为他的话是符合逻辑的。

第二种情况是对方的说辞中包含着某种伪科学，而你缺乏足够的专业知识，不但不能甄别它，反而被对方迷惑，陷入了对方的知识陷阱。例如，如果对方说：“把钱借给有可能还不起钱的人，能够赚大钱。”你可能会提出疑问。但是当对方使用某种专业术语或者新的概念包装之后，将这句话表达为：“P2P理财产品的收益率很高。”你却没有产生任何疑问。

第三种情况是对方的说辞中包含着某种错误的信念或者过时的哲学理念，而你缺乏正确的信仰和必要的科学态度，不但不能纠正它，反而被对方操控，陷入了对方的哲学陷阱。例如，如果对方说：“把钱给我确实有风险，但我还是有可能帮你赚到钱的。”估计你会产生恐惧的心理。可是如果对方说：“舍不得孩子套不住狼，没有风险，就没有收益。”也许你就会萌生贪婪的欲望。

可惜的是，事实上无论我们如何努力，也不可能识别出所有的陷阱。要想赢得这场“骗子”和“傻子”的较量，仅仅依靠被动的防御是不够的。因为随着新生事物的不断涌现，新的科技和新的观点必然层出不穷，普通人是没办法熟知所有的逻辑谬误的，而即便是博士后也不能掌握世界上所有的科学知识。至于哲学，更是没有人敢说自己掌握了绝对的真理。

所以，我们至少需要掌握以下三种批判性思维，作为主动进攻的“武器”，从而让我们能够自主地过滤虚假的信息和荒谬的观点，减少我们遭到“欺骗”的风险。

我们应该掌握的第一个“武器”是独立思考，我们要学会放弃跟随别人的思路，尝试从同样的现象中推导出不同的结论；第二个“武器”是逆向思考，我们不仅要学会从原因推导出结果，还要从结果溯源出原因；第三个“武器”是换位思考，我们不仅要从自己的角度出发思考问题，还要学会从对方和第三方的角度思考问题。

最后，我们应该意识到，否定某种观点并不是我们的终极目标，肯定某种观点才是我们的终极目标。能够避开所有的陷阱，只代表你不会掉进“坑”里，但并不代表你找到了正确的道路；能够识破所有的“骗子”，只意味着你不是“傻子”，但不意味着你就是个聪明人。进一步而言，如果一种批判性思维的目标不是“建设性”的，那么这种批判性思维本身就应该被批判。

子曰：“听讼，吾犹人也。必也使无讼乎。”在孔子看来，能够明辨是非，公正地审判诉讼案，很多人都可以做到，并非很难的事情。然而，真正更有价值的目标，是让天下没有诉讼案发生，不发生辩论，这才是极难的事情。同样地，在这场“骗子”和“傻子”的较量中获胜，其实并没有什么值得庆祝的，不发生这样的较量，才是值得庆祝的。让世界上不再存在欺骗和愚弄，至少大幅减少，这才是笔者认为真正有价值的目标。

02 逻辑仅仅是智慧的起点

“你并不在思考，你只不过是在合乎逻辑。”这句话是量子力学之父玻尔，在批评一个过于迷信逻辑的人时说的，这个被批评的人名叫爱因斯坦。

1927年，玻尔的学生，德国物理学家沃纳·卡尔·海森堡提出了“测不准原理”，指出微观粒子的位置和速度不可能同时为确定的。这样的观点颠覆了绝大多数人的认知，以爱因斯坦为代表的一批经典物理学家，与玻尔等人展开了激烈的辩论。为了反驳玻尔的观点，爱因斯坦讲了一句“很有逻辑”的话：“月亮不可能因为你看不见而不存在。”然而，事实证明，爱因斯坦犯下了大错。这个错误导致他同样作为量子力学的奠基人之一，却在晚年对量子力学领域毫无贡献。

世界上最聪明的人，也会因为过于相信逻辑的力量而犯错。如果你不希望被人用“神逻辑”绕得哑口无言，最根本的解决办法就是把逻辑打下神坛，破除对逻辑的迷信。事实上，至少有三个理由，告诉我们“逻辑并不足信”。

第一个理由，听上去有点可笑。我们可以用逻辑证明，所有的逻辑都是“不符合逻辑”的。

众所周知，逻辑主要有演绎推理和归纳推理两大类。演绎推理是由一般性得出特殊性，从整体推导个体，因为其推理的前提包含了结论，所以在逻辑上是完美无瑕的；而归纳推理则恰恰相反，由特殊性得出一般性，从个体推导整体，所以在逻辑上存在先天的缺陷。但是，演绎推理中的所有大前提，其实都是由归纳推理得出的，这意味着所有的逻辑推理过程都是不完美的。

几乎每本关于逻辑的教科书都会举这样一个演绎推理的三段论为例：

大前提——人都会死。

小前提——苏格拉底是人。

结论——苏格拉底会死。

听上去完美无瑕对吗？可别忘了，“人都会死”这个大前提，只能通过归纳推理来证明。也就是说，你只有证明每个单独的人都会死，才能得出“人都会死”这个结论。而从逻辑上讲，你只能证明你知道的人都会死，但不能证明你不知道的人会不会死；你只能证明已经死了的人都会死，不能证明还活着的人都会死；你只能证明“人都会死”在过去是正确的，不能证明它在未来是正确的。

所以，逻辑的本质是由一个已知的个体，推导出未知的个体，其实是不完备的。只不过通过一个“基本靠猜”的大前提，作为整个推理过程的“障眼法”，让我们误以为它是完备的。不出户而知天下的老子曾晦涩地说道："大辩若讷。"而中国古代的另一位智者孔子则说："君子矜而不争。"

第二个"逻辑并不足信"的理由是，逻辑正确不等于道德正确，逻辑经常是反人性的，无法成为我们行事的根基。

我是否真的存在？我的人生有没有意义？我是不是应该做一个好人？这些貌似简单的基本问题，其实复杂到用逻辑根本无法判定是非。

记得很多年前看过一部电影《地球停转之日》。基努·里维斯扮演的外星人来到地球后，受到美国政府的追捕。一位美丽的女教授，在得知他的使命是"拯救地球"之后，冒着生命危险去帮助他，最后却惊讶地发现，基努·里维斯所说的"拯救地球"，竟然是指"从人类的手中拯救地球"。掌握了更高科技的外星人认为，人类的所作所为都是在破坏这颗能够孕育生命的珍稀行星——地球，只有灭亡整个人类，地球才能获得新生。

尽管对此我们都无法认同，但真的无法从逻辑上反驳这样的观点，因为逻辑不能告诉我们"地球和地球人，哪个更为重要"。现实生活中的希特勒和好莱坞大片中的灭霸都有一套自成体系的逻辑，也都曾网罗过众多门徒。所以，你无法嘲笑他们愚蠢的逻辑，只能战栗于他们邪恶的"道理"。

第三个理由，其实有点拿不上台面。因为在不远的未来，我们必然发现，与其相信自己的逻辑能力，还不如相信计算机的逻辑能力。

休伯特·德雷福斯教授曾经预言的计算机不能做的那些事情，近年来都被人工智能技术逐一完成了。

在公认需要最强逻辑思维的中国围棋棋盘上，世界顶级的人类棋手面对人工智能软件毫无招架之力。更搞笑的是，这个学习过人类棋谱的旧人工智能系统，在不久之后又被一个从来没有学习过人类棋谱的新人工智能系统击败，比分是100：0。

世界排名第一的围棋选手柯洁在得知这一结果后说："对于人工智能的自我进步来讲，人类太多余了。"所以，和计算机比"逻辑"，真的是一种不符合逻辑的行为！从某个角度而言，如果我们相信应该用逻辑来指导生活，那么等于在说，应该把人类的命运托付给计算机。

当然，"逻辑并不足信"并不意味着逻辑是毫无用处的。

尽管逻辑上正确的认知，并不一定是正确的；但产生逻辑悖论的认知，却一定是错误的。换句话说，逻辑不能用来鉴真，只能用来证伪，但这已经是很了不起的事情了。

举一个大家耳熟能详的案例。古人一直认为，物体越重，下坠的速度越快。而依靠逻辑的力量，你不需要爬上高高的比萨斜塔，就能通过反证法指出这个观点是错误的。

试想一下，如果你把一块重的石头上再绑一块轻的石头，它会落得更快还是更慢？

如果你把这两块石头看成一个整体，它比原来重的石头更重了，所以应该下降得更快；可如果分开来看，轻的石头比重的石头下降得慢，它们绑在一起，轻的石头必然会拖累重的石头，所以应该下降得更慢。这就形成了悖论，而要让这个逻辑矛盾消除的唯一解决办法就是，重的物体和轻的物体下坠的速度是同样的。

所以，对于那些试图用似是而非的“神逻辑”绕晕你的人，首先你应该意识到“逻辑并不足信”，即便他的逻辑真的是正确的，也不代表他的观点就是正确的。即使你不和他辩论，也并不意味着你就失败了，你仍然可以坚持你自己认为有道理的观点。

在这样的心态之上，如果你能够详细了解本书所讲述的常见的逻辑谬误，你也可以按图索骥，轻松地运用逻辑的力量，戳破那些强词夺理者的“神逻辑”。

03 知识是容易过时的智慧

尽管从某个角度而言，知识是逻辑的产物，它却超越了逻辑，成为一个更好的崇拜对象。

我们却十分有必要将知识同样打落神坛。这是因为在进入信息时代之后，阻碍我们成长的最大障碍，其实并非缺乏知识，而是迷信知识。与那些逻辑谬误相比，在专业术语包装下的陈旧知识和伪科学，更具有欺骗性。

一个有趣的事实是，尽管我们生活在一个知识大爆炸的时代，但没有人能准确地定义什么是知识。目前较为公认的是，关于知识最经典的定义来自古希腊哲学家柏拉图："一条陈述能称得上是知识必须满足三个条件，它一定是被验证过的、正确的，而且是被人们相信的。"

然而如果我们深入思考，必然会发现这三个条件多少都有点不合乎逻辑。第一，人们缺乏验证知识的能力。我们至多能从理论上验证过去发生的现象，但对于未来我们无法验证。例如，"太阳明天会升起"是知识吗？这个陈述显然是无法被验证的，因为我们不能到达未来的每个明天。第二，人们缺乏判断正确和错误的能力。对于一条陈述，我们至多能判定其逻辑上是正确的，但基于同样的（无法验证未来的）理由，我们不能判断其客观上是否绝对正确。第三，一条陈述是真还是假，与人们是否相信它毫无关系。再多的人相信神的存在，都不意味着神是真实存在的。

所以，我们充其量能将知识称为一种有价值的逻辑推论，但无法为其加冕绝对真理的皇冠。当我们意识到知识只不过是一种“相对”的真理和“主观”的真理，我们就不难理解，为什么关于知识存在着以下三个悖论。

第一个悖论，我们姑且称为“专家悖论”。通俗地说，就是越有专业知识的人，往往越缺乏常识。这一点在我们日常生活中很容易观察到，以至于我们有时候会和别人开玩笑说：“你傻得像一个博士一样。”高学历的人往往像孔子那样“四体不勤，五谷不分”，也缺乏人情世故的历练，在刚刚踏上工作岗位时，表现得甚至不如同龄人优秀。

其实不难理解这一点，毕竟知识是无限的，而人的认知能力是有限的。即便一个人的求知欲再强烈，也不可能精通所有的知识。成为某一门专业的博士，甚至成为专家，通常意味着他的主要精力都消耗在了这一领域，在其他方面表现得比较“傻”，实在是一件再正常不过的事情。

而随着时代的发展，知识专业化的倾向越来越明显，专业化的速度也越来越快，“专家悖论”在高知人群身上也越来越容易被体现出来。《元科学导论》的作者、国际科学学领域的著名学者约翰·齐曼曾颇有讽刺意味地说："科学家是这样一群人，他们对那些越来越没人关注的知识知道得越来越多，以至于他们误以为自己通晓一切。"

如果一类知识的专业分支得以建立，这个分支自然就会逐渐形成一种专业壁垒，各种专业词汇会让不熟悉这一领域的人不知所云。正如一句俗话"隔行如隔山"所描述的那样，跨行业和跨专业的交流变得十分困难。这种现象进一步造成了两个恶果：第一是那些才疏学浅的骗子可以借助一两个高深莫测的专业术语，愚弄无知的外行人；第二是真正的专家，反而很难将自己的观点解释给大众，因为他们的语言只有内行人才能真正听得懂。

我想，这大概就是伪科学如此流行的原因之一。

那么我们该如何应对这一悖论造成的不利影响呢？英国博物学家托马斯·亨利·赫胥黎曾给出过一个非常好的建议："先试着学习'和所有东西相关'的某些东西，然后去学习'和某些东西相关'的所有东西。"换言之，就是先掌握常识和建立通识，然后选择某个专业知识进行深入学习。你可以不精通经济学，但应该具备经济学常识；你可以不精通医学，但应该具备医学常识；你可以不精通化学，但应该具备化学常识。当你具备了所有学科的常识，你就建立了通识。在此基础上，你再根据自身的实际需要，尽可能全面地学习某一门学科的知识。只有这样，你才能称得上一个有知识的人。

关于知识的第二个悖论，我们姑且称为“无知悖论”。具体而言，就是越无知的人越认为自己不缺知识；而一个人越有知识，则会认为自己越无知，越缺乏知识。

当一个人不知道空气的存在时，他不觉得自己是无知的，也不认为自己缺乏与空气相关的知识。一旦他知道了空气的存在，他就会想知道空气是由什么组成的；当他知道空气中包含着氮气、氧气和二氧化碳时，他又会想知道它们分别是从哪里来的；当他知道了氧气是植物光合作用的产物时，他又想知道植物是从哪里来的；当他知道了生命是如何起源和进化时，他又想知道地球和宇宙是从哪里来的。于是，他就会意识到，自己是多么无知，多么缺乏知识。

从任何一个我们熟悉的知识出发，必然会追溯到某个我们未知的知识。而我们的求知心越强，获得的知识越多，就会发现不知道的知识越多，最终会超过人类知识的边界，停留在所有人都不曾探索过的黑暗的边缘。以你自己为中心，以你探索过的距离为半径，画一个圆，你会发现你探索得越远，圆周就越长，你能接触到的未知的领域就越大。

所以，知识越渊博的人越谦虚谨慎，越愚昧无知的人越自高自大。而当两类人同台辩论时，诡异的现象发生了，愚者的声音响彻云霄，对自己的观点确信无疑；智者的声音却如同喃喃自语，显得十分不自信。于是，对于不明真相的听众而言，傻子的话反而听上去更有道理，只不过，当他们试图对未来做出某种预测时，就会暴露自己愚不可及的本来面目。

被誉为西方第一智者的苏格拉底，就常说自己是无知的。现代社会的一些聪明人，也能认识到自身的无知。不过，我们的无知和苏格拉底的无知，不是同一种无知，或者说，我们遇到的“缺乏知识”的问题和苏格拉底遇到的问题是有所不同的。

古时候，人类掌握的知识十分有限，对于苏格拉底这样的智者而言，很容易就会触碰到已有知识的边界，他不得不回答那些从来没有人回答过的问题。然而，现代科学如此发达，如果不是从事科研工作，我们可能一辈子也碰不到已有知识的边界。换句话说，正确的答案早就有人给出了，只是我们不知道而已。

苏格拉底的无知主要是对“未知”的无知，而我们的无知则主要是对“已知”的无知。苏格拉底确实不可能知道天上的星星是从哪里来的，而大多数现代人的问题是，霍金的《时间简史》放在面前也读不懂；苏格拉底确实不可能想象肉眼看不到的各种微观粒子，而大多数现代人的问题是，量子力学和相对论放在面前也学不会。

然而，为了应对我们日常的工作和生活，我们既没有可能也没有必要，去掌握人类已知的所有知识。所以，我们要解决这个悖论，增长我们的认知半径，扩大知识面，并不是最好的办法。提升认知水平，突破知识面的约束，具备快速掌握新的知识点的学习能力，才是破局的最佳方案。

关于知识的第三个悖论，我们姑且称为“无用悖论”。这是由著名历史学家尤瓦尔·赫拉利在其畅销书《未来简史》中提出的：“知识如果不能改变行为，就没有用处；但是知识一旦改变了行为，知识本身就立刻失去意义。”用一句浅显的话来说，一种知识一旦被一个人掌握，这种知识对他的价值就迅速地变低了。

假设你是一个原始人，在你不知道“喝生水会导致生病”这个知识之前，这个知识的价值是非常高的，因为它可以让你不生病。但如果你不认为它是一个知识，它不能改变你喝生水的行为，它就没有用处。

一旦你通过思考和实践，发现它确实是一个知识，并且从此改变你的行为，只喝烧开的水，那么这个知识对你来说，反而又没有太大的价值了。具体而言，就是因为“喝生水”这个前提不存在，“喝生水导致生病”这个知识点也就失去意义了。

所以，知识是一种会“过时”的东西，它有着一个独特的生命周期。一开始，它在大多数人眼里都是某种奇谈怪论，无法落地产生实效，但恰恰在这个时间节点上，它是最有价值的。而到了最后，它又变成了所有人习以为常的东西，变成了某种正确的废话，连提起的必要都没有了。如果世界上只有你一个人把水烧开了喝，说明“喝生水会导致生病”在大多数人眼中是一种奇谈怪论；可当世界上所有的人都把水烧开了再喝时，即便大家都遗忘了“喝生水会导致生病”这个知识，也不会给现实造成任何影响。

随着时代的发展，知识的更新迭代越来越快，同时知识传播的速度越来越快，所以知识的生命周期正在不断缩短。假设你能从现在穿越到30年前，仅仅依靠你作为普通网民所掌握的互联网知识，你就完全可能成为互联网公司的创始人。可是，如果一个古代的人穿越到30年前，会发生什么呢？可以想到，他所掌握的知识不会与其他人有太大的不同，并不能给他带来额外的价值。

在过去，一个知识的生命周期可能是300年；到了现在，一个知识的生命周期可能就只有30年了；而到了未来，一个知识的生命周期则可能会缩短到仅仅3年，甚至3个月或3天。所以，知识是一种越来越容易“过时”的智慧，为了应对这种挑战，我们必须终身学习，尽可能不断掌握新的有价值的知识。

通过对于知识的三个悖论的分析，我们能够得出三条重要的结论。当你面对那些拿着新的知识概念包装其不讲道理的说辞的“骗子”时，以下三条结论可以帮助你保持淡定，不至于轻易地坠入他们的陷阱。

第一个结论是，根据“专家悖论”，当你轻易听懂了某位专家的话时，你其实并没有听懂，或者证明对方根本不是一个专家；第二个结论是，根据“无知悖论”，如果某人对自己的观点越是确定，就证明他越是愚昧无知，从而也说明了他的观点事实上是不确定的；第三个结论是，根据“无用悖论”，越是流行的知识，价值越低。

当然，这些对于知识的“批判”，并不能说明知识是不重要的，恰恰相反，这证明了掌握正确而适时的知识是极为重要的。所以，千万不要不懂装懂，也千万不要在不懂的时候，做出草率的决定。

04 哲学是不能完全相信的智慧

显然，哲学也是一种知识，虽然其有一定的特殊性，但也必然逃脱不了知识三大悖论的影响。

知识的第一个悖论“专家悖论”，在哲学身上就变成了“哲学家悖论”。也就是说，事实上普通人很难真的理解哲学家的思想。当你自以为理解的时候，多半你理解错了。同时，如果你听懂了对方所谓的哲学思想，说明对方并不是真正的哲学家。

以老子的《道德经》为例，一万个人阅读《道德经》就有一万种不同的体会。有人觉得这是一本兵书，有人觉得这是帝王之术，有人觉得这是养生的真谛，可谓仁者见仁，智者见智。这充分说明，没有人真正完全读懂了老子的思想。

对于我们这些当代人来说，五千字的古文无异于天书。我们只能通过某些“大师”的解读来学习《道德经》，但事实上，这些解说本身已经偏离了老子的思想。

知识的第二个悖论“无知悖论”，在哲学领域表现为一种独特的“哲学家的诅咒”现象。也就是说，哲学家都是不幸的，至少用世俗的眼光来看是如此的。

苏格拉底被迫喝下毒酒，亚里士多德跳海自杀，第欧根尼住在一只木桶里，尼采进了精神病院，老子孤苦伶仃去了塞外终老，孔子一生颠沛流离，韩非子冤死狱中，墨子一天好日子都没有过。

为什么这些公认的聪明人，活得却如此不聪明呢？

正如美国作家兼哲学家亨利·戴维·梭罗所说的那样："所有总结出来的道理在逻辑上都是错的，也包括这句话。"哲学的逻辑本质是一种归纳法，试图从纷繁复杂的现象中总结出一般性的规律，这使哲学先天就包含逻辑错误，具备一种无法避免的不确定性。哲学家为了证明自己的哲学是对的，却不得不将之作为一种确定性的理论来奉行，从而把自己变成自己的哲学的试验品。更抽象地说，哲学家的诅咒是由主观和客观之间的矛盾造成的，哲学家把主观的哲学思想当成绝对真理，因而在客观世界中难免会处处碰壁。

所以，哲学家对自己的哲学越确定，就证明他自己越愚昧无知，也就证明了其哲学是不确定的。尽管哲学是智慧的象征，哲学家却并不智慧。真正有智慧的人，会把哲学视为一种不能完全相信的智慧。

著名的德国戏剧家贝托尔特·布莱希特说过一句意味深长的话："只有一套理论的人注定失败。"

就拿中国人来说，在遇到顺境时，往往会奉行儒家积极的入世哲学，试图百尺竿头，更进一步；一旦遇到逆境，却又会转而奉行道家消极的避世哲学，力争至少做到明哲保身。这种能够根据客观环境选择相适应的主观思想的能力，使得我们普通人反而显得比哲学家更有智慧，也生活得更幸福。

知识的第三个悖论“无用悖论”，在哲学领域表现为“哲学的黄昏”。也就是说，当代社会已经进入哲学的“末法时代”，作为一种最长寿的知识，哲学的价值正在变得越来越低。

在古代，最聪明的人是像苏格拉底和老子这样的哲学家，到了现代，最聪明的人则是像爱因斯坦和霍金这样的科学家。目前还在世的伟大科学家，我们随口就能报出几个名字，如杨振宁和李政道，但你即便绞尽脑汁，也说不出一个活着的伟大哲学家。如今，新的科学发现层出不穷，可流行的哲学思想都是几百年甚至几千年前提出的。简单地说，过去人们信仰哲学，可如今人们更信仰科学。

传统的哲学，是关于世界观和方法论的理论体系。然而，在这两个方面，科学都比哲学做得更为出色。可以说，唯物的世界观就是科学的世界观，辩证的方法论就是科学的方法论。早在1781年，德国古典哲学创始人伊曼努尔·康德就在其著作《纯粹理性批判》中指出：“我们只能知道自然科学让我们认识到的东西，哲学除了能帮助我们澄清‘使知识成为可能’的必要条件，就没有什么更多的用处了。”

自康德完成他所谓的三大批判之后，哲学的主要研究对象就逐渐转向了伦理学。因为自然科学能解释生命的起源，但无法明确生命的意义；能说明哪一个物体包含更多能量，但不能说明哪一件事情更有价值；能告诉我们如何选择健康的生活方式，但不能告诉我们应该如何选择自己的人生道路。

通俗地说，只有人生的哲学，没有人生的科学。

过去没有关于人生的科学，不代表未来不会有。1976年，理查德·道金斯在其著作《自私的基因》中试图揭示，基因是人性的物质基础，这可能是用自然科学理论解释伦理学现象最早的尝试之一。近年来高速发展的认知科学，则发现人类的许多道德特征，其实源自人类脑神经结构的进化特征。

也许在未来的某一天，人类可以通过人工智能技术模拟出解决各种争端的全局最优策略和面临各种人生抉择时的长程最佳选择。崇拜哲学的人常常会说："科学的尽头是哲学。"然而，他们似乎忘了一种可能性的存在："科学是没有尽头的。"

所以，当有人尝试用某种哲学思想对你"洗脑"时，你务必要记住以下两点：

第一，哲学理论并不能提高对方观点的可信度，因为哲学本身就是不确定性的知识。在不触犯法律和违背公德的前提下，你有权利选择自己的人生哲学。

第二，如果对方的哲学理论与科学证据相抵触，你应该毫不犹豫地相信科学的结论。进而言之，不要相信任何没有科学证据的哲学理论。

05 怀疑一切，尤其是自己

“怀疑一切”，就是我们对付“骗子”的终极武器。要想赢得这场“骗子”和“傻子”的较量，必须建立批判性思维。

大多数人一听到批判性思维，本能地会认为这是对别人观点的批判，是对外部事物的怀疑。但事实上，批判性思维的重点是对自己的思维模式的批判，是对自己的主观认知的怀疑。找到别人言语中的漏洞和缺陷，只能“防骗”于一时；找到并弥补自己思想中的漏洞和缺陷，才是真正的长治久安之道。

具体而言，为了建立批判性思维，我们应该养成以下三种思考问题的习惯。

首先，要建立批判性思维，必须养成独立思考的习惯，要对自己懒于思考的惰性展开批判。

我们的思维常常会有一种“随波逐流”的倾向，总是试图从别人那里直接获得认知的成果，而不愿意耗费能量主动去思考问题。这种现象，往往会导致群体性的认知谬误。

例如，如果你怀孕之后突然变得喜欢吃辣，家里的老人和你说：“酸儿辣女，你怀的肯定是个女孩。”你的第一反应，多半是去找那些曾经生过孩子的朋友求证这个观点。

事实上，孕妇出现食欲下降，导致喜欢吃一些开胃的食物是正常的生理反应。“酸儿辣女”的说法其实是一种古人的“互文”修辞手法，真实的意思是：“怀了儿女，就喜欢吃酸和辣。”并非是在说：“喜欢吃酸就生儿子，喜欢吃辣就生女儿。”

你很多生过孩子的朋友却会用自己的亲身经历，向你证明“酸儿辣女”就是用来验证生男还是生女的“神奇方法”，至少嗜酸意味着生儿子的概率大，而嗜辣意味着生女儿的概率大，甚至连一些妇产科的医生和护士都会同意这种观点，这是怎么回事呢？

美国著名社会心理学家托马斯·吉洛维奇在他的著作《理性犯的错：日常生活中的6大思维谬误》中，将这种现象归结为“对随机数据的错觉”。也就是说，当人们有了“酸儿辣女”这种先入为主的观念时，他们就会格外关注符合这一观念的数据，对那些孕妇嗜辣并生了女儿的个案印象更深，从而产生嗜辣生女儿概率更大的错觉。而这种错觉，又会进一步加深原有的“酸儿辣女”观念。甚至他们还会声称这一观点是有客观的统计数据支撑的，从而使这一观点变得更加流行。

但是，即便五百万个人都赞同某一个错误的观点，错误的观点仍然是错误的观点。开动脑筋独立思考，而不是习惯性地去参考别人的观点，这才是避免沦为“乌合之众”的必由之路。

那么，具体如何进行独立思考呢？

好学生往往在老师刚公布题目时，自己就会尝试寻找解题思路，差学生则是直接等着老师讲解正确的解题方式。聪明的人先形成自己的思考，再参考别人的意见，而愚笨的人喜欢先了解别人的观点，然后把别人的观点当成自己的观点。

一个观点是否正确，取决于其论据是否真实和论证的方法是否有效。在假定对方的论据是真实的前提下，一个独立思考的人会按照自己认为有效的论证方法，推导出自己认为正确的观点，然后去比较自己和对方的观点哪一个可信度更高。

例如，对方试图用《农夫与蛇》的故事论证“好人没好报”的观点。你可以先假定，农夫用身体温暖了一条冻僵的毒蛇反而被咬，是一件真实的事。然后你用自己的思路去论证，首先可能推导的结论是：“毒蛇对人有攻击性，是有害的。”继而，你可能得出的结论是：“人不应该去帮助有害的动物。”或者你可能进一步联想到：“不应该去帮助坏人。”

当你通过思考得出这些观点之后，你再和对方的观点“好人没好报”相比较，你就会发现，对方的观点明显可信度更低。

其次，为了建立批判性思维，我们应该养成逆向思维的习惯。逆向思维的对立面并非正向思维，而是僵化思维，是我们固化的思维模式。从某个角度而言，僵化思维也是因为我们自身的惰性造成的，只不过隐藏得较深而已。

当我们用某种论证方法证明了某个正确的观点，或者用某种思维模式解决了某个难题时，我们的大脑就会把这种模式保存下来，以便快速地解决类似的问题。这本来是一件对我们有利的事情，可如果我们过于迷信这种模式，就会造成一种假象：表面上在不断地独立思考，实质上只是在不断重复同样的思维。如此一来，我们必然会产生思维上的盲区，给我们带来意想不到的危害。

在每头活着的猪看来，养猪的人都是“活菩萨”，从来不让它们干活，还免费管吃管住，直到它被带到屠宰场，才意识到自己陷入了僵化思维的误区。

常规的思维模式是从原因来推导结果，从论据来推导论点，从否定走向肯定，从怀疑变为相信；而逆向思维时，我们不妨尝试从结果反推原因，从论点反推论据，从肯定走向否定，从相信变为怀疑。

例如，当我们证明一道数学难题时，常规的思维方式是从给出的条件出发来推导。但我们经常会发现，给出的条件可以得出多个推论，导致我们的思维进入不同的分岔，我们很难判断哪个分岔才能通往最终的结论。这时候，我们可以采用逆向思维，反过来考虑为了得出正确的结论，必须具备什么样的先决条件；为了证明这个先决条件的成立，我们又必须证明什么是正确的。由于通往正确论证的道路往往只有一条，逆向思维反而会让我们更容易找到正确的解题方法。

当某人试图向你“推销”他的观点时，你也可以从假定他的观点是正确的出发，反过来思考需要什么样的证据才能证明。如果这样的证据是不存在的，那么证明了他的观点其实是错误的。

例如，某个人向你推荐投资收益率为20%的理财产品，他提供了很多论据来支撑其观点，如果你跟着他的思路走，很可能莫名其妙地就对此信以为真。但如果你逆向思考一下，先假定他的理财产品确实能达到稳定的20%的年化收益率，那么先决条件是，他们公司投资的项目年化收益率必然是远远超过20%的，而且这种收益是稳定的。

只要你稍微具备一些经济学常识，就会知道这是不可能的，所以他所推荐的理财产品必然存在问题。尽管你并没有弄明白问题出在哪里，但你可以快速地识别出其中存在陷阱，任他说得如何天花乱坠，你也不会吃亏上当。

最后，为了建立批判性思维，我们应该养成换位思考的习惯，对以自己为中心的思考模式进行批判。

我们都只是芸芸众生中的普通一员，并非世界的中心。可由于我们只能通过自己的眼睛看到世界，我们建立的往往是以自己为原点的坐标系，这难免会造成以自我为中心的认知偏差。具体而言，常见的有以下三种。

第一种偏差是过高地估计自己。

斯坦福大学曾经做过一些有趣的街头随访。在被问及“哪些人最有资格上天堂”时，大约60%的人提到了一生致力于消除贫困的特蕾莎修女，大约50%的人提到了废除奴隶制的林肯总统，而几乎所有的人都提到了“我自己”！而在被问及“你是否认为自己的智商超过平均值”时，90%以上的人做出了肯定的回答。而另一项调查表明，绝大多数司机都认为自己的驾驶水平超过平均值。

很显然，超过平均的只可能是群体中的50%，而不是群体中的绝大多数。真实的情况是，我们大多数人都没有自己想象得那么高尚和聪明，也没有自己想象的那样擅长驾驶。

第二种偏差是倾向于相信对自己有利的观点。

如果你拥有美满幸福的婚姻，你会认为这是你的功劳，你在夫妻生活中付出了更多的爱心和努力；而如果你遭遇了婚姻的破裂，你则会认为这是对方的错。

这种偏差有时候还会演化成为自我确认偏差，也就是说，如果你是一个乐观的人，你就会倾向于认为乐观的观点是正确的；而如果你是一个悲观的人，你就会倾向于认为悲观的观点是正确的。这种不断的自我确认，会让你走向两个错误的极端：过分乐观或者过分悲观。

第三种偏差是倾向于认为带来欢乐的观点是正确的。

我们往往会容易买下那些擅长恭维的推销员卖的东西，仅仅是因为他们更招人喜欢，他们的观点对你而言就显得更为正确。相反，如果对方的态度不好，即便他所说的观点证据确凿，你也不愿意配合。

当我们理解了上述这些偏差之后，就会明白，当对方表达了自己的观点之后，我们想要让他意识到自己的错误是一件多么困难的事情。尽管他是完全没有道理的一方，但在以自我为中心的思考模式下，却坚定地认为自己是对的。在这种情况下，辩论已经没有意义了，除非双方都学会站在对方的角度思考问题，否则永远都会坚持各自的想法。

不过，换位思考并非单纯指要学会站在对方的角度思考问题，更重要的是要学会站在利益无关的第三方的角度来思考问题。因为只有这个角度，才是最为客观的，最大程度地避免了“以自我为中心”的认知偏差的影响。

在批判性思维的三个重要的思考习惯中，换位思考无疑是最难的，也是最重要的。为了正确地认知客观事实，我们需要有怀疑一切的精神，而首先要怀疑的，就是我们自己。

06　“不讲道理”的道理

如果“傻子”都变得聪明了，“骗子”自然也就失业了。从理论上讲，如果每个人凡事都采取批判性思维，不讲道理的人也就混不下去了。但在实践上，这几乎是不可能的，也是完全没有必要的。

这是因为否定不是我们的目标，对否定再次否定，从而得到新的肯定才是最终的目标；批判性的思考不是我们的目标，对批判性的思考再次批判性地思考，从而得到建设性的思考才是最终的目标。在某些特定的情况下，“不讲道理”比“讲道理”更有道理。

第一种情况是，在需要不假思索地做出决定时，我们没办法“讲道理”。

当你在高速公路上开车时，遇到了突然窜出的行人，你唯一正确的做法就是立刻踩下刹车。在这种情况下，你是没有时间做出批判性思考的，更不可能先下车去和这个行人讲道理，质问他为什么跑到高速公路上来。

诺贝尔经济学奖得主丹尼尔·卡尼曼曾经写过一本影响力巨大的著作《思考，快与慢》。他认为，我们的大脑有快与慢两种做决定的方式。常用的是无意识的“快思考”系统，依赖固有的思维模式，直接做出迅捷的判断；不常用的是有意识的“慢思考”系统，通过调动注意力来分析和解决问题，然后做出决定。然而，我们的“慢思考”系统有时也会偷懒，直接采纳“快思考”的无意识的判断。

很显然，批判性思维就是一种“慢思考”方式，它之所以如此重要，就是因为它能避免我们的“快思考”走捷径，从而形成更好的判断，并进一步形成更好的思维模式，以供我们的“快思考”系统使用。通俗地说，我们更慢地做出决定是为了以后能够更快地做出决定，我们更多地思考是为了以后更少地思考，我们的勤奋是为了以后的“懒惰”。

一旦好的“快思考”系统形成了，它不但能帮助我们在紧急情况下快速做出正确的反应，而且能为我们的生活带来很多便利。例如，我们可以一边散步，一边和心爱的人聊天；一边骑自行车，一边欣赏秀丽的风光；一边弹吉他，一边演唱动人的歌曲。

然而，我们必须意识到，“快思考”系统的判断并非最佳的。在工作中，或是在那些比较重要的事情上，我们需要经常使用批判性思维来校正和改进我们的“快思考”系统。

例如，笔者开车十多年，一共出了两次交通事故：一次是在刚拿到新车没多久，另一次是在驾龄满一年之后。有趣的是，在驾校教笔者开车的教练，准确地“预言”了这两次事故发生的时间段。事实上，这两个时间节点也是不少驾驶员容易发生交通事故的阶段。

在刚开始驾车上路时，由于我们驾驶的“快思考”系统还没有形成，必须依赖“慢思考”系统来做出判断，这就会导致我们不能及时应变，所以容易发生交通事故。而在大概一年之后，我们又开始过于迷信自己的“快思考”系统，懒得再用批判性思维去修正它，因此同样很容易发生交通事故。

第二种情况是，关于选择自己的人生目标，我们没有太多道理可讲。

单纯从科学的角度而言，生命是没有意义的，行走坐卧只不过是一系列的物理运动，生老病死只不过是一连串的化学反应，意识和思想也只不过是一堆电信号而已。我们的人生却应该是有意义的，这个意义是由我们自己主观赋予的。

仅仅从逻辑的推理来说，生命也是没有目标的，无论你的“论据”多么丰富多彩，也无论你的“论证”多么完美无瑕，你的“论断”都只能是死亡。我们的人生却应该是有目标的，这个目标也是由我们自己主观选择的。

尽管批判性思维有助于你选择更适当的，或者说更容易达成的人生目标，一旦你明确了自己的人生目标，批判性思维反而成为一种“障碍”，成为一种更应该被批判的东西。

例如，在你确定想要成为一名歌手之前，你确实需要理性地思考一下，自己是否具备好的嗓音条件，以及能否承担相应的风险等。但是，如果你明确了自己的人生目标就是成为一名歌手，你更多需要的则是热情、勇气和永不言败的态度。“生活吻我以痛，我却报之以歌”，这就是一个歌者不讲道理的道理。

所以，“哲学家的诅咒”也许在哲学家本人看来恰恰是一种祝福，不幸是一种主观的选择，幸福也是一种主观的选择，这仅仅取决于你的人生目标是什么。当雄踞四海的帝王亚历山大站在以木桶为家的智者第欧根尼面前时，他同情地问：“有什么我可以帮你的吗？”第欧根尼懒洋洋地回答：“有的，请往旁边站一站，不要挡住我的阳光。”在一片窃笑声中，亚历山大陷入了沉默。最后，他对着身边的众人平静地说：“假如我不是亚历山大，我一定做第欧根尼。”

第三种情况是，应该讲“爱”的时候，最好不要去讲道理。

世界上最大的“骗子”就是最爱我们的人。每个妈妈都会对自己的孩子说：“你是世界上最好的孩子！”在一段幸福的婚姻里，丈夫会对妻子说：“你是世界上最好的老婆！”妻子会对丈夫说：“你是世界上最好的老公！”关心你的朋友会对你说：“明天的你会更好！”爱护你的上司会对你说：“下次你一定能成功！”

如果有一天，这些谎言全都消失了，爱也就随之消失了。批判性思维是我们揭穿谎言的终极武器，可既然这是一种武器，我们就最好不要用在自己所爱的人身上。所以，我们应该把批判性思维留给我们的敌人，尤其是我们最大的敌人——自己。

在与对方成为爱侣和朋友之前，我们确实应该依靠批判性思维的力量慎重选择，可一旦建立了“爱”的关系，就要慎用这种武器。毕竟彼此的人生目标各自不同，相应的价值取向必然也不一样，在涉及个人主观意愿的领域，其实并没有绝对的是与非。逻辑的力量虽然能帮助我们在一场辩论中胜出，可有些时候，“道理”赢了，“爱”就输了。

“君子矜而不争，和而不同。”人和人之间应该彼此求同存异，相互尊重。即便对方真的出现了认知偏差，我们也应该尽量避免一味地指责他不讲道理。出于帮助对方的目的，我们更应该做的是，鼓励他通过阅读和学习，建立起自己的批判性思维，真正地提高自身的认知水平。

这才是真正的讲道理！